彩图 1　秸秆还田

彩图 2　翻耕与施肥同步

彩图 3　沼液施肥

彩图 4　肥水一体化设备

彩图 5　芬洛型玻璃温室

彩图 6　温室太阳能集热系统

彩图 7　京颖

彩图 8　黄蜜隆

彩图 9　斯维特

彩图 10　金冠隆

彩图 11　菊城红玲

彩图 12　菊城惠玲

彩图 13　天骄

彩图 14　天骄 3 号

彩图 15　中科 6 号

彩图 16　开优红秀

彩图 17　开抗早梦龙

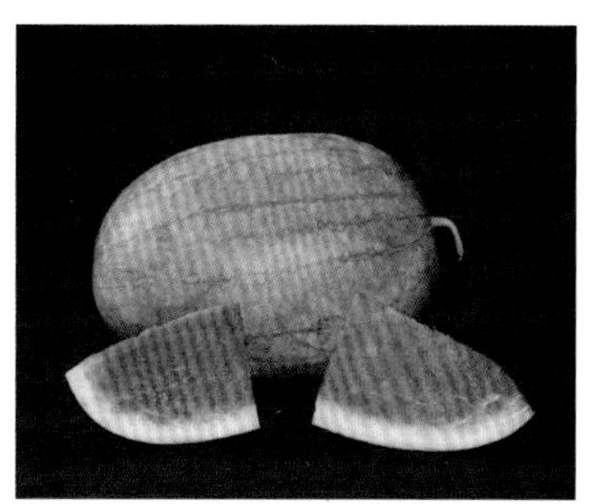

彩图 18　开优绿宝

彩图 19　菊城绿之美

彩图 20　圣达尔

彩图 21　凯旋 6 号

彩图 22　中农天冠

彩图 23　珍甜 18

彩图 24　珍甜 20

彩图 25　酥蜜 1 号

彩图 26　玉锦脆 8 号

彩图 27　雪彤 6 号

彩图 28　开甜五号

彩图 29　众云 22

彩图 30　兴隆蜜 1 号

彩图 31　立枯病危害症状

彩图 32　疫霉根腐病危害症状

彩图 33　叶枯病危害症状

彩图 34　炭疽病危害症状

彩图 35　疫病危害症状

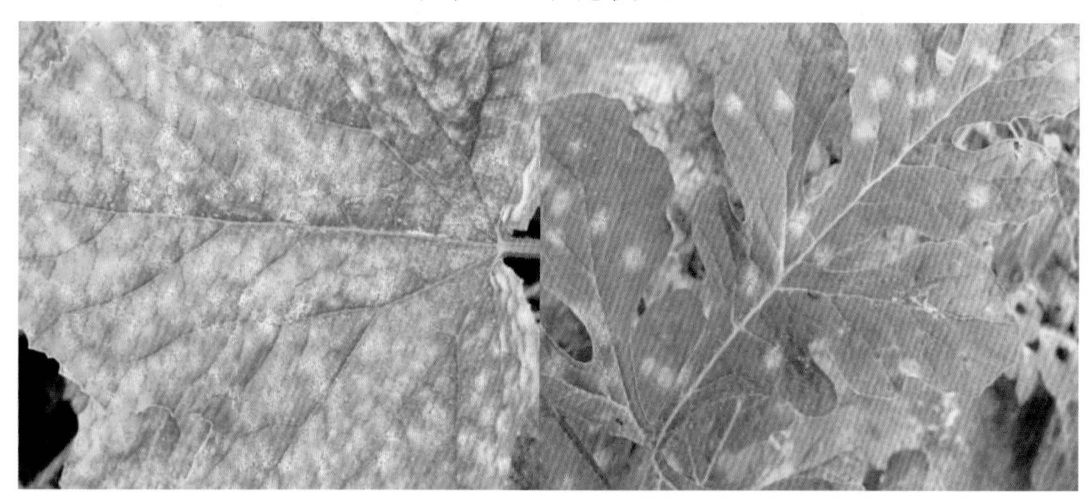

彩图 36　白粉病危害症状

彩图 37　霜霉病危害症状

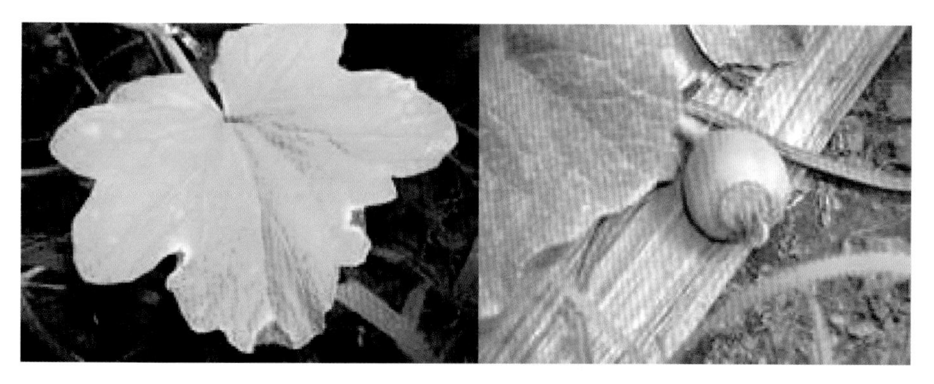

彩图 38　灰霉病危害症状

彩图 39　细菌性角斑病危害症状

彩图 40　瓜笄霉果腐病危害症状

彩图 41　花叶病毒病危害症状

彩图 42　脐腐果危害症状

彩图 43　氮素缺乏症状

彩图 44　磷素缺乏症状

彩图 45　锰素缺乏症状

彩图 46　铁素缺乏症状

河南省“四优四化”科技支撑行动计划丛书

优质西瓜甜瓜标准化生产技术

赵卫星　李晓慧　常高正　主编

中原农民出版社
·郑州·

图书在版编目（CIP）数据

优质西瓜甜瓜标准化生产技术 / 赵卫星，李晓慧，常高正主编．— 郑州：中原农民出版社，2022.4
ISBN 978-7-5542-2571-4

Ⅰ．①优… Ⅱ．①赵… ②李… ③常… Ⅲ．①西瓜-蔬果园艺-标准化②甜瓜-蔬果园艺-标准化 Ⅳ．①S65-65

中国版本图书馆CIP数据核字（2022）第024567号

优质西瓜甜瓜标准化生产技术
YOUZHI XIGUA TIANGUA BIAOZHUNHUA SHENGCHAN JISHU

出 版 人：刘宏伟
策划编辑：段敬杰
责任编辑：苏国栋
责任校对：韩文利
责任印制：孙 瑞
装帧设计：杨 柳

出版发行：中原农民出版社
地址：郑州市郑东新区祥盛街 27 号　　邮编：450016
电话：0371-65713859（发行部）　0371-65788652（天下农书第一编辑部）
经　　销：全国新华书店
印　　刷：河南瑞之光印刷股份有限公司
开　　本：787mm × 1092mm　1/16
印　　张：14　　　　彩页：8
字　　数：235 千字
版　　次：2022 年 4 月第 1 版
印　　次：2022 年 4 月第 1 次印刷
定　　价：60.00 元

本书编委会

主　编　赵卫星　李晓慧　常高正

副主编　徐小利　康利允　高宁宁　梁　慎　程志强

参　编　李　海　李海伦　王慧颖　霍治邦　范君龙

董彦琪　刘喜存　胡永辉　李敬勋　张国建

张彦淑　刘俊华　张雪平　赵跃锋　侯晟灿

王洪庆　王文志　王秋丽　王　喆

目录

一、概述

（一）优质、标准化、产业化的概念

1. 优质的概念 优质主要指西瓜、甜瓜商品果实本身及其延伸所表现出的品质，包括营养品质、加工品质和商业品质等。其中，营养品质泛指西瓜、甜瓜所含营养成分，如可溶性固形物、脂肪以及各种维生素、矿质元素、微量元素等的含量；加工品质指食用品质或适口性，高营养产品只有具有良好的食用品质和适口性，才能得到广大消费者的青睐；商业品质指产品的形态、色泽、整齐度、容重及装饰等表观和视觉性状，也包括是否被化学物质所污染。简单来说，优质农产品就是安全、营养、好吃、好看、健康。

优质西瓜、甜瓜应满足以下标准：①品质优良，主要指瓜瓤可溶性固形物含量高，纤维少，风味好等。即西瓜果实中心可溶性固形物含量在10%以上，厚皮甜瓜中心可溶性固形物含量在15%以上，薄皮甜瓜中心可溶性固形物含量在13%以上，中心与边缘部位可溶性固形物含量差异小，味甜爽口，果肉色泽均匀，没有白筋硬块，瓜皮较薄，可食用部分大。②商品性好，主要是指果实的外观性状。即果实具有本品种的典型性状，果形周正，大小均匀，无畸形瓜、裂瓜，无日灼等。③耐储藏运输，主要是指果实耐储藏和运输的能力。西瓜、甜瓜一般都需要长途运输，因此要求品种果实外皮坚韧，在运输过程中不易破损；果皮薄的品种在运输过程中破损率高，只能就近栽培，就地供应。④成熟度适中，商品瓜的成熟度要适当，充分成熟的瓜在运输过程中容易引起组织败坏，不能食用，影响其品质。⑤无污染，在生产过程中不被化学物质所污染，达到无公害食品及以上等级的要求。

2. 标准化的概念 标准化是指为了实现产品产量、质量的特定目标，运用“统

一、简化、协调、优化”的原则，对产前、产中、产后进行全程控制的过程。通过制定标准和实施标准，促进先进的科技成果和经验迅速推广，确保产品的安全优质，并实现经济效益、生态效益、社会效益的最大化。

标准化生产是现代农业区别于传统农业的一个重要标志，传统农业的生产方式带有很大的随意性，而现代农业则有着严格的质量标准体系及操作规程，每一项作业都有规范可循，有章法可依。标准化生产以科技成果和经济实力为基础，具有统一性、先进性、协调性、法规性和经济性的特点。标准化生产要做到：生产环境和生产设施标准化，品种标准化，栽培管理标准化，储运、加工、营销标准化以及检测技术手段的标准化等。标准化生产中的标准主要包括：产品等级标准，种子种苗的品种标准，农用生产资料质量标准，农艺操作标准，加工、包装、储藏、保鲜、运输、标识标准，检测技术标准，农业环境标准等。采用标准化技术生产出的产品就像工厂生产出的产品，达到相应的标准，分级进入市场，不同的等级有不同的价格，优质优价。

3. 产业化的概念 产业化指在市场经济条件下，以行业需求为导向，以效益为中心，依靠龙头带动和科技进步，对农业和农村经济实行区域化布局、专业化生产、一体化经营、社会化服务和企业化管理，形成贸工农一体化、产加销一条龙的农村经济的经营方式和产业组织形式。其主要类型有：市场连接型、龙头企业带动型、农科教结合型、专业协会带动型。我国大部分地区是以龙头企业带动型为主，多种形式相结合的综合形式。农业产业化应具备以下基本特征：面向国内外大市场；立足本地优势；依靠科技的进步，形成规模经营；实行专业化分工；贸工农、产加销密切配合；充分发挥龙头企业开拓市场、引导生产，深化加工、配套服务功能的作用。

（二）西瓜、甜瓜优质、标准化、产业化的意义

1. 实现安全、高效生产的重要保证 目前，我国西瓜、甜瓜生产的发展已经从单纯数量型向质量型转变，按质论价。只有制定产前、产中、产后的各项标准，才能确保生产出来的产品按照标准分级定价，优质优价，促进西瓜、甜瓜产业向规范化、现代化发展。标准化生产也可增强生产经营者的法治观念和质量意识，从农田到餐桌实行全过程无公害质量标准控制，生产出对人体健康没有危害的产品，从

而确保产品的安全优质，实现经济、生态和社会效益的协调发展。

2. 增强市场竞争力的必然选择 我国加入世界贸易组织，与世界各国的农产品贸易不断增加，食品安全已成为影响产品竞争力的关键因素。在现代化的国际商品贸易中，标准化生产的产品由于品质优良、信誉度高，更有利于采用期货交易、拍卖交易、网上交易等现代化交易方式，减少贸易纠纷，缩短新鲜果品流通所需要的时间，降低贸易成本。

3. 促进科技成果转化的迫切需求 生产标准化的核心是不断地将西瓜、甜瓜生产中的新品种、新技术、新成果、新材料规范为便于生产者掌握的技术标准和生产模式，为科技新成果在生产中的转化利用提供必要的条件，推动西瓜、甜瓜生产的科技进步，促进西瓜、甜瓜产业化的快速发展。

4. 引进国外先进技术和管理经验必由之路 生产标准化体系的健全和完善，为跨国投资、生产、贸易提供了良好的发展平台，将促进农业跨国公司的发展，为推动我国与其他国家在产业上的双向投资创造条件，既有利于我国的西瓜、甜瓜生产企业走出国门，开拓国际市场，参与国际竞争，又有利于吸引国际先进的生产公司来国内投资生产，推动产业化的健康发展。

（三）西瓜、甜瓜标准化生产的现状

1. 制定、实施相关生产规程和标准

1）西瓜标准 我国西瓜标准化生产起步较晚，农业部于 2002 年颁布了行业标准《无公害食品　西瓜生产技术规程》（NY/T 5111—2002），规定了无公害食品西瓜的生产基地建设、栽培技术、有害生物防治技术以及采收要求，开启了我国西瓜标准化生产的进程。各省、自治区、直辖市相继制定发布了西瓜生产技术规程和相关标准，如 2001 年河北省颁布了地方标准《无公害西瓜生产技术规程》（DB13/T 455—2001），规定了无公害西瓜每公顷单茬产 45 000 ~ 75 000 千克的产地环境技术条件，肥料、农药使用的原则和要求，生产管理措施等；2002 年安徽省颁布了地方标准《西瓜原种生产技术操作规程》（DB34/T 268—2002），规定了西瓜原种生产技术要点；2004 年北京实施了《保护地西瓜栽培技术综合标准》（DB11/T 132—2004），对保护地春播西瓜选种、育苗、栽培、水肥施用等都规定了严格的技术参数；2009 年江苏省和海南省颁布了《西瓜嫁接育苗技术规程》（DB32/T 1528—2009，DB46/T 165—

2009），规定了西瓜嫁接育苗嫁接设施和基质、砧木与接穗的选择、嫁接技术方法、嫁接苗的管理、病虫害防治以及嫁接苗质量标准等技术要求；2016 年河南省颁布了《小果型西瓜春茬设施栽培技术规程》（DB41/T 1340—2016），对小果型西瓜品种选择、播种育苗、苗期管理、水肥管理、病虫害防治等进行了规范；2017 年农业部实施了《绿色食品　西甜瓜》（NY/T 427—2016），规定了绿色食品西甜瓜的术语和定义、要求、检测规则、标签、包装、运输和储存等。通过行业和地方标准的制定与实施，使西瓜生产在选种、土壤要求、嫁接、施肥及定植时间和生长期的温度、湿度控制、病虫害防治方法、储存期适宜温度和空气相对湿度等方面都有据可依，有力促进我国西瓜标准化生产的发展。

2）甜瓜标准　我国甜瓜标准化工作始于 20 世纪 80 年代，1984 年由新疆八一农学院制定的《中国哈密瓜种子》（GB 4862—1984）是我国甜瓜生产方面最早的标准，对我国哈密瓜种子的繁育与经营进行了规范。此后，国家和各省市相继制定和颁布了一些行业和地方标准，有力推动了甜瓜产业的发展。1993 年发布的《哈密瓜商品行业标准》和《新疆甜瓜包装运输技术标准》规定了哈密瓜的原产地域、定义、要求、检验规则、标识、包装等内容；1998 年，山东省率先出台并组织实施了《洋香瓜保护地栽培技术规程》，规范了甜瓜保护地生产中品种选择、育苗、环境调控、肥水管理、整枝留瓜等管理技术及病虫害防治措施；2012 年、2014 年河南、安徽省制定《设施厚皮甜瓜无公害栽培技术规程》（DB41/T 732—2012）、《绿色食品　甜瓜保护地生产技术规程》（DB34/T 2051—2014）对当地产区厚皮甜瓜的产地环境、栽培设施、育苗、温湿度控制、病虫害防治和采收等方面进行规范；2007 年、2018 年辽宁、河南省颁布了《农产品质量安全　日光温室网纹甜瓜生产技术规程》（DB21/T 1509—2007）、《网纹甜瓜设施生产技术规程》（DB41/T 1600—2018），规范了网纹甜瓜的产地环境、栽培设施、育苗、田间管理、病虫害防治和采收等方面；2015 年、2016 年江苏、黑龙江省实施了《薄皮甜瓜设施栽培技术规程》（DB32/T 2808—2015）、《绿色食品　甜瓜（露地）生产技术操作规程》（DB23/T 282—2016），对薄皮甜瓜栽培所需的产地环境、品种选择、栽培模式、栽培技术、病虫害防治和采收技术等进行了规范。2006 年深圳市制定了《厚皮甜瓜无土栽培技术规程》（DB440300/T 31—2006），规定了基质栽培的厚皮甜瓜的产地环境和生产管理措施。2016 年辽宁省颁布了《甜瓜适龄壮苗生产技术规程》（DB21/T 1967—2016）规定了甜瓜适龄壮苗生产要求的产地环境、育苗设施、品种选择、种子处理、播种时期、温度与光照管理、营养块育苗、病虫害防治和储藏运输的技术要求。2016 年陕西省制定实施了《西甜瓜病虫害防治技术规程》(DB61/T 1049—2016)，对甜瓜病虫害的防治原则、防控对象、产地要求、生态调控、生物防控、物理防控和化学防控为主的绿色防控技术措施进行了规范。

近年来，这一系列生产标准的制定与实施，对水、肥、农药的严格控制，有利于降低成本、减少水资源浪费、减少土壤环境恶化，解决西瓜甜瓜生产中大水大肥、生长调节剂滥用、坐果不规范等问题，对提高西瓜甜瓜产品质量安全、产业化经营、规范化生产具有重要的战略意义。

2. 建立了一批标准化生产示范基地 随着各项西瓜、甜瓜生产技术标准的颁布和实施，全国各地相继建设了一批标准化示范基地。

1）西瓜标准化示范基地 通过科学规划、精心组织实施，把优势产区的瓜农组织引导到标准化生产体系中来，以克服种植的随意性、品种、数量及质量的不确定性，使西瓜生产走上区域化、标准化的发展轨道。如北京大兴区西瓜主产区，种植总面积 2 800 公顷，西瓜标准化基地共 37 家，生产规模 660 公顷，“大兴西瓜”品牌获得国家地理标志产品，通过不断加强和完善农业标准化建设，以标准化推进大兴西瓜地理标志保护产品发展，形成“御瓜园”“老宋瓜园”“小李瓜园”和“世同瓜园”等优势园区，已成为国家级西瓜标准化生产示范区；山东莘县董杜庄镇西瓜标准化示范区，种植面积达到 4 万亩，被命名为“国家级西瓜标准化示范区”“出口农产品生产基地”，2013 年被工商总局批准使用“莘县西瓜”地理标志商标；江苏省东台市标准化示范区，全市西瓜种植面积 28 万亩，年产量突破 100 万吨，在三仓现代农业产业园建立吴明珠院士工作站，推行西瓜标准化生产，“东台西瓜”获得全国最具综合价值地理标志产品等称号，东台市也获得“中国西瓜之乡”称号。河北省阜城县漫河乡西瓜标准化示范区，属第六批国家农业标准化示范区重点示范基地，种植面积 4.2 万亩，成功注册了“漫河牌”西瓜商标，以漫河乡为主产区的阜城县被河北省农业厅认定为“河北西瓜之乡”“漫河西瓜”获国家地理标志产品；河南省夏邑县西瓜标准化示范区，种植面积 12.5 万亩，是省级无公害瓜果蔬菜基地，被中国园艺学会授予“中国西瓜之乡”称号，“夏邑西瓜”成为国家地理标志产品；内蒙古自治区奈曼旗沙地西瓜标准化示范基地，现有西瓜专业合作社 37 家，种植面积 10 万亩，获国家第七批农业标准化示范区。

2）甜瓜标准化示范基地 近年来，全国也出现了一大批甜瓜标准化示范基地，如阎良甜瓜标准化示范区，种植面积约 6.5 万亩，产量可达 25 万吨，是全国最大的早春甜瓜生产基地，注册的“阎良甜瓜”获国家地理标志品牌；新疆岳普湖县评为“中国优质甜瓜之乡”，建立10万亩全国绿色食品原料（甜瓜）标准化生产基地，严格执行绿色、有机农产品生产技术规程，注册“达瓦昆”沙漠甜瓜商标，总产达到30万吨，商品率达到85%以上；甘肃省古浪县优质香瓜生产基地，涉及6个乡镇20个行政村，种植面积为2.6万亩，占甘肃省种植面积的30%以上，“古浪香瓜”获全国地理标志品牌；河南兰考蜜瓜标准生产基地，涉及12个乡镇25个行政村，种植面积为2.0万亩，注册“兰考蜜瓜”获国家地理标志品牌；河南滑县八里营万亩甜瓜生产基地，种植面积2.2万亩，甜瓜产业已经成为全县产业扶贫的核心特色产业之一，“八里营甜瓜”获国家地理标志品牌，先后获得第九届、第十届中国国际农产品博览会金奖，被评定为河南省著名商标，2万亩生产园区是“河南省农业标准化生产示范基地”，绿梦合作社（甜瓜种植合作社联社）申报为国家级示范社。这些示范基地起到了很好的示范作用，对甜瓜标准化生产起到了积极推动作用。

（四）西瓜、甜瓜标准化生产的发展趋势

1. 全面提升生产标准化程度 以研发保护地和半保护地栽培类型为主的无公害规范栽培技术为重点，通过推广多抗类型甜瓜品种、合理控制与安全使用农药和化肥，尽量推广应用生物防治措施，大力发展符合绿色食品与有机食品标准的产品，使这一类型的产品在市场上具有比较强的品牌竞争力，利用经济杠杆的导向作用，使生产者都能够逐步采用规范栽培管理技术，提高西瓜、甜瓜产品的市场竞争力。

2. 加大标准化的落实与实施 近年来，国家日益重视农产品质量标准的制定与管理体系的建设，但仍很不完善。尤其是西瓜、甜瓜生产标准化尚处于起步阶段，不少种类标准正在制定或刚刚完成。在已制定的标准中，对产品自身标准内容制定得比较详细，但对涉及产前、产后等相关标准的内容较少。在实施的一些质量标准，由于质量管理体系不够完善，目前尚难以真正落实。农业标准化是实施农产品质量安全管理的重要手段，是实现农业现代化的主要标志。在西瓜、甜瓜生产基地要尽快建立健全有关食品标准、检测、认证、技术推广、执法、信息等的管理与技术服务体系。

3. 提升标准化生产市场监管力度 目前，不少西瓜、甜瓜主产区也相继出台了一些地方性标准与栽培技术规程等。当前重点应做好行业管理与技术服务体系的

运作，使各地西瓜、甜瓜生产能够按照统一标准与技术规程进行栽培与产品检测，以利于生产发展与市场开拓。进一步完善检验监测机构与生产基地、市场速测点的建设，提高服务管理水平，有条件的产区还应充分发挥行业协会的网络宣传推广与组织协调作用，在主管部门的协调下使之与专业检测中心的工作有机结合，加速西瓜、甜瓜生产基地的建设。

4. 建立健全产品追溯标准化体系 《关于开展重要产品追溯标准化工作的指导意见》[国质检标联（2017）419 号]中指出，到 2020 年，基本建成国家、行业、地方、团体和企业标准相互协同、覆盖全面、重点突出、结构合理的重要产品追溯标准体系。一批关键共性标准得以制定实施，追溯体系建设基本要求得到规范统一，全社会追溯标准化意识显著提高。追溯标准实施效果评价和反馈机制初步建立，有效开展重要产品追溯标准化试点示范，发挥辐射、带动和引领作用。通过质量安全追溯制度，追溯产品产地和生产者的相关信息，对出现质量安全问题追根溯源，追查生产者或经营者的责任，进而提升标准化的经济效益和社会效益。

（五）西瓜、甜瓜标准化生产效益分析

1. 西瓜标准化生产效益分析 西瓜在世界园艺生产中占有十分重要的地位，其种植规模仅次于葡萄、香蕉、柑橘、苹果，居第五位。西瓜产业总产值占种植业总产值的 5% 左右，部分主产区占 20%，在带动种植业发展和满足人民日益增长的生活需求中发挥着越来越重要作用，西瓜已经成为农民快速实现增收的高效作物。随着农业增长方式由粗放型向集约型转变，传统的生产要素投入增长已经对西瓜产业的进一步发展形成制约。要实现既定成本条件下的经济效益最大化，有利于促进西瓜产量增长，提高瓜农收益。据杨念等统计，2010 ~ 2016 年，我国西瓜亩收益总体呈下降趋势，增长率为 −4.13%。只有非嫁接育苗和无籽西瓜年均增长率为正值，且数值较小。在不同茬口、播种方式、生产方式以及品种中，分别以春夏茬、嫁接育苗、日光温室栽培和小型西瓜的收益较高，秋冬茬、直播、露地栽培和中晚熟西瓜收益较低。在不同生产方式中，日光温室平均成本收益率水平最高，为 3.9；小拱棚次之，为 2.78；露地栽培和大中拱棚栽培方式分别为 2.59 和 1.87。从品种类型看，无籽西瓜的平均成本收益率明显高于其他品种，为 3.26；其次是中晚熟西瓜；小型西瓜和中早熟西瓜的成本收益率较低。从不同经营模式的收益情况来看，其中企业

（5 公顷以上）的净利润最高，其次是家庭农场（1 ~ 3 公顷）和合作社（3 ~ 5 公顷），农户（1 公顷以下）最低；从西瓜的售价来看，规模经营的西瓜单价都远高于农户，这和规模经营主体的固定销售渠道、销售对象以及营销手段有关。因此，应该鼓励集约化经营，并保持适度规模，以提高经济效益。

2. 甜瓜标准化生产效益分析 甜瓜是我国水果市场经济地位较高的一种水果，随着种植技术的进步以及品种的改良，我国大部分地区都可以种植甜瓜，对市场行情也是有影响的。虽然现在市场上甜瓜的产量有了明显的增加，但由于市场需求量的增长，所以甜瓜目前还是供不应求，种植甜瓜的市场发展前景巨大。甜瓜种植的亩产量一般是 2 500 ~ 4 000 千克，而种植一亩甜瓜所需的成本（包括种植地租金、种子、地膜、棚架、肥料、农药以及水电、人工等各种费用）一般是 2 000 ~ 5 000 元。一般市场价格 1.5 ~ 5.0 元 / 千克，设施栽培一般收益 1.0 万 ~ 1.5 万元，露地栽培 2 000 ~ 4 000 元。据高志慧等研究发现，生产规模为 1.0 ~ 2.0 公顷（含）的农户投入产出比最高（1.74），生产规模 < 1.0 公顷，或 > 2.0 公顷的农户投入产出比均低于平均水平（1.38）。

二、土地选择与肥料使用标准

（一）土地选择

西瓜、甜瓜种植环境（空气、土壤、灌溉水）若受到污染，污染物质会迁移到西瓜、甜瓜苗木和果实中去，必然影响到西瓜、甜瓜果实的安全性。因此，应选择空气质量、灌溉用水和土壤环境质量分别符合《环境空气质量标准》（GB 3095—2012）、《农田灌溉水质标准》（GB 5084—2021）、《土壤环境质量农用地土壤污染风险管控标准》（GB 15618—2018）的地区进行种植。

1. 产地选择　选择在城市建设规划范围之外，处于基本农田保护区域内，土壤基础条件好、周边无污染，新建基地要远离交通主干道 100 米以上，周围 3 千米内没有污染企业。

2. 产地环境　应选择在生态条件良好，不受污染源影响或污染物含量限制在允许范围内，具有可持续生产能力的农业生产区域。土壤重金属背景值高的地区，与土壤、水源环境有关地方病害高发区不能作为基地。基地空气中各种污染物含量、灌溉水中各种污染物含量、土壤中各种污染物含量应符合国家相关标准的规定。

3. 土壤条件　土地相对平整，坡度控制在 25° 以内，地平土碎，肥沃、疏松的沙壤土或黑钙土（活土层大于 20 厘米），有机质含量在 2% 以上，土壤 pH 在 7 左右，保水保肥性能好。

4. 排灌条件　基地水源有保证，伏旱季节 40 天无雨能保灌溉，其他季节 70 天无雨能保灌溉；雨季防洪有保障，排水有出路，日降水 150 毫米以内不受淹。

5. 交通条件　应近邻公路或已经规划农村公路建设的通达区域。合理配备田间机耕、板车道、田间便道，满足西瓜、甜瓜生产要求。能建立起产销一条龙的管理制度，统一规划、统一种植、统一运输。

（二）肥料使用标准

农谚说："有收无收在于水，收多收少在于肥。"肥料是农作物的"粮食"。但是，肥料并不是施得越多越好。盲目过多施肥，既浪费肥料，又增加成本，降低产量，减少收益。实践证明，施用经科学配方生产的专用型复混肥料，不仅能提高化肥利用率，获得稳产高产，还能改善农产品质量，是一项增产节肥、节支增收的措施。专用型复混肥料是针对作物需肥特性和土壤状况设计、生产的新型肥料，营养成分配比合理，形态协调，可以简化平衡施肥技术，便于大范围推广应用。

1. 西瓜、甜瓜需肥规律　西瓜、甜瓜生长周期较短，需肥量较大，整个生育期内，吸钾量最多，氮次之，磷最少。西瓜幼苗期占总吸收量的 0.54%；伸蔓期植株干重迅速增长，矿物质吸收量增加，占总吸收量的 14.66%；坐果期、果实生长盛期吸收量最大，占全期的 84.18%。在不同时期植株对三要素吸收的比例也不相同，氮的吸收极早，至伸蔓期增加迅速，果实膨大期达吸收高峰；钾的吸收前期较少，在果实膨大期吸收量急剧上升；磷的吸收初期较高，高峰出现较早，在伸蔓期趋于平稳，果实膨大期明显降低。施肥时，开花坐瓜前以氮为主，果实膨大期注意磷、钾肥的施用，对增加产量，改善品质尤为重要。据试验，每生产 1 000 千克西瓜产品，需氮 2.25 千克，磷 0.9 千克，钾 3.38 千克，三要素的比例为 3∶1∶4；西瓜对硼、锌、钼、锰、钴等微量元素的反应敏感，且对钙、镁、铁、铜也有一定要求。每生产 1 000 千克甜瓜需吸收氮 3.5 千克、磷 1.7 千克、钾 6.8 千克、钙 5.0 千克、镁 1.1 千克，甜瓜需钾较多，对养分吸收以幼苗期吸收最少，开花后氮、磷、钾吸收量逐渐增加。氮、钾吸收高峰在坐果后 16 ~ 17 天（网纹甜瓜在网纹开始发生期），在坐果后 26 ~ 27 天（网纹甜瓜在网纹发生终止期）就急剧下降；甜瓜对磷、钙的吸收高峰在坐果后 26 ~ 27 天，并延续至果实成熟。从开花到果实膨大末期的 1 个月左右，是甜瓜吸收微量元素最多的时期，也是肥料的最大效率期。栽培管理过程中，种植者应注意西瓜、甜瓜吸收肥料的临界期和最大效率期，保证充足的营养成分供给，有利于西瓜、甜瓜产量和品质的提高。

2. 常用的肥料种类

1）有机肥　泛指农家肥，来源于植物或动物，施于土壤以提供植物营养为其主要功能的含碳物料。经生物物质、动植物废弃物、植物残体加工而来，消除了其中的有毒有害物质，富含大量有益物质，包括多种有机酸、肽类以及包括氮、磷、钾在内的丰富的营养元素。不仅能为农作物提供全面营养，而且肥效长，可增加和更新土壤有机质，促进微生物繁殖，改善土壤的理化性质和生物活性，是绿色食品生产的主要养分来源。

（1）堆肥　可分为一般堆肥和高温堆肥两种：前一种的发酵温度较低；后一种的前期发酵温度较高，后期一般采用压紧的措施。高温堆肥对于促进农作物茎秆、人畜粪尿、杂草、垃圾污泥等堆积物的腐熟，以及杀灭其中的病菌、虫卵和杂草种子等，具有一定的作用。高温堆肥可以采用半坑式堆积法和地面堆积法堆制。前者的坑深约 1 米，后者则不用设坑。两者都是需要通气沟，以利于好氧微生物的生活。两者都需要铺一层农作物秸秆等，再铺一层人畜的粪尿，并泼一些石灰水（碱性土壤地区则不用泼石灰水），然后盖一层土。一般发酵 56℃以上 5 ～ 6 天，高温持续 10 天即可。

（2）沤肥　一般指肥料腐熟，可分凼肥和草塘泥两类。凼肥可随时积制，草塘泥则在春冬季节积制。积制时因缺氧，使二价铁、锰和各种有机酸的中间产物大量积累，且碳氮比值过高和钙、镁养分不足，均不利于微生物活动。应翻塘和添加绿肥及适量人粪尿、石灰等，以补充氧气，降低碳氮比值，改善微生物的营养状况，加速腐熟。

（3）厩肥　指以家畜粪尿为主，混以各种垫圈材料积制而成的肥料。积制方式分为圈内堆积、圈外堆积。其中，圈内堆积是在圈内挖深浅不同的粪坑积制，一般挖 0.6 ～ 1.0 米深的积肥坑，坑中垫入农作物秸秆、杂草，经 1 ～ 2 个月牲畜踩踏和厌氧分解后起出堆积，腐熟后成厩肥。圈内地面是石板、水泥或紧实的土底。垫圈为每日垫圈，每日清除，将厩肥运到圈外堆积发酵；或每日垫圈，隔数日或数十日清除 1 次，使厩肥在圈内堆积一段时间，再移到圈外堆积。

（4）作物秸秆肥　其制作方法主要是用干秸秆、人粪尿、畜禽粪尿及适量马粪。把准备好的秸秆切碎或粉碎成 3 厘米左右的碎块，按体积比 1∶2∶7 的比例将人粪尿、畜禽粪尿和粉碎好的秸秆充分混拌均匀，浇足水（材料含水率为 60% ～ 70%，即手握成团，触之即散的状态为宜）。把准备好的马粪堆成一堆，用热水浇透，做成发热中心，再把混拌好的秸秆一层层盖在做成的发热中心上，堆成一圆形堆，高不低于 1.5 米。堆温控制在 60℃左右，最高不能超过 70℃。经过 7 ～ 10 天发酵，进行倒堆。以后每隔 7 天倒 1 次，共倒 3 ~ 4 次。发酵好的秸秆肥具有黑、烂等特点，用手一抓成团，放开即散。作基肥使用，每亩施 2 ~ 3 吨；大棚和温室可全层施或条施，每亩施 3 ~ 5 吨。

（5）饼肥　是油料的种子经榨油后剩下的残渣，这些残渣可直接作肥料施用。施用前必须把饼肥打碎，可作基肥和追肥。作基肥，应播种前 7 ~ 10 天施入土中，旱地可条施或穴施，施后与土壤混匀，不要靠近种子，以免影响种子发芽。作追肥，要经过发酵腐熟，否则施入土中继续发酵产生高热，易使作物根部烧伤，一般可在结果后 5 ~ 10 天在行间开沟或穴施，施后盖土。

2）无机肥　为矿质肥料，也叫化学肥料。无机肥是指用化学合成方法生产的肥料。它具有成分单纯，含有效成分高，易溶于水，分解快，易被根系吸收等特点，故称速效性肥料。

（1）碳酸氢铵　含氮 17%，在高温或潮湿的情况下，极易分解产生氨气挥发。呈弱酸性反应，为速效肥料。

（2）尿素　含氮 46%，是固体氮肥中含氮最多的化肥。肥效比硫酸铵慢些，但肥效较长。尿素呈中性反应，适合于各种土壤。一般用作根外追肥时，其浓度以 0.1% ~ 0.3% 为宜。

（3）钙镁磷肥　含磷 14% ~ 18%，微碱性，肥效较慢，后效长。若与作物秸秆、垃圾、厩肥等制作堆肥，在发酵腐熟过程中能产生有机酸而增加肥效，宜作基肥用。适于酸性或微酸性土壤，并能补充土壤中的钙和镁微量元素的不足。

（4）硫酸钾　含钾 48% ~ 52%。主要用作基肥，也可作追肥用，宜挖沟深施，靠近发根层收效快。用作根外追肥时，使用浓度应不超过 0.1%。呈中性反应，不易吸湿结块，一般土壤均可施用。

（5）草木灰　植物体燃烧后的残渣，草木灰含钾 5% ~ 10%，含磷 1% ~ 4%，含氮 0.14%，含钙 30% 左右。草木灰中的钾，绝大多数是水溶性的，属速效肥，可作追肥和基肥。草木灰不宜与硫酸铵、人粪尿等混用，避免损失氮素。储存时要防止潮湿，以免养分流失。

3）微生物菌肥　又称生物肥料、接种剂或菌肥等，是指以微生物的生命活动为核心，使农作物获得特定的肥料效应的一类肥料制品。微生物菌肥的功效是一种综合性作用，一般不直接为农作物提供营养元素，主要起间接营养的作用，增进土壤肥力、改良土壤结构、刺激作物生长、改善作物品质、增强作物抗病性和抗逆性、减少化肥的使用量、提高肥料利用率，包括细菌类肥料（如根瘤菌肥、固氮菌肥、解磷菌肥、解钾菌肥、光合菌肥等）、放线菌类肥料（如抗生菌肥）、真菌类肥料（如外生菌根菌剂、内生菌根菌剂和酵母源烟茎生物有机肥等）、藻类肥料（如固氮蓝藻菌肥）、复合型微生物肥料（如有机碳菌液）。

4）腐殖酸类肥料 指富含腐殖酸和一定量无机养分的有机物肥料。该类肥料以泥炭、褐煤、风化煤等为主要原料，经不同处理并掺入一定量无机肥料而成。腐殖酸是一组黑色或棕色胶状无定形高分子有机化合物，含碳、氢、氧、氮、硫等元素。腐殖酸内表面较大，而使其吸附力、黏结力、胶体分散性等均良好，阳离子交换量较大。腐殖酸结构中的活性基团，如羧基、酚羟基等使其具有酸性、亲水性和吸附性，并能与某些金属离子生成螯合物。腐殖酸类肥料主要有腐殖酸铵、腐殖酸钾、腐殖酸钠及腐殖酸复合肥等。

5）微量元素肥料 包括钼肥、锌肥、铜肥和硼肥等营养元素。虽然植物对微量元素的需求量很少，但它们对植物生长发育的作用与大量元素是同等重要的。当某种微量元素缺乏时，作物生长发育受到影响，产量降低，品质下降。微量元素过多会使作物中毒，影响产量和品质，随着作物产量的不断提高和化肥的大量施用，对微量元素肥料的施用逐渐迫切。

（1）钼肥 常用钼酸铵，可作基肥、种肥和追肥。浸种浓度为 0.05% ~ 0.1%，浸种时间为 12 小时，根外追肥浓度为 0.02% ~ 0.05%。

（2）锌肥 常用硫酸锌，可作基肥、种肥和追肥，每亩用量 1 ~ 1.5 千克，撒施作基肥，但不能与磷肥混合施用。可用 0.1% 的溶液浸种，也可每千克种子用 1 克硫酸锌拌种，或用 0.01% ~ 0.05% 硫酸锌进行叶面追肥。

（3）铜肥 常用硫酸铜，可作基肥，每亩用量为 0.1 ~ 0.3 千克，可用 0.1% 的溶液浸泡种子，还可用 0.05% 的溶液进行根外追肥。

（4）硼肥 常用有硼砂、硼酸、硼镁肥、含硼过磷酸钙等，其中硼镁肥和含硼酸钙主要用作基肥，每亩用量分别为 20 ~ 30 千克、40 ~ 50 千克；硼砂和硼酸一般作根外追肥，使用浓度为 0.01%，也可用 0.1% 的硼酸或硼砂浸种。

（三）施肥原则

根据西瓜对主要矿质元素的吸收特点，在西瓜施肥中应掌握的主要原则为：重施有机肥，适量施用氮肥，稳施磷肥，增施钾肥，氮磷钾三元素复合肥配合使用，适量补施中微量元素肥料。做到有机肥与无机肥的合理配合施用，氮磷钾三元素复合肥及其他元素肥的合理配比，不可偏施任何一种肥料。西瓜为忌氯作物，故不要多施氯化钾和氯化铵等含氯离子的肥料，否则会降低品质。

（四）主要施肥技术与方法

1. 传统施肥技术

1）基肥 一般每亩施充分腐熟的鸡粪或牛粪等有机肥 3 ~ 4 米^3 或商品有机肥 400 ~ 800 千克、腐熟的饼肥 80 ~ 100 千克（饼肥以豆饼为最好）（图 2-1）。加入复合肥（15-15-15 复合肥 35 千克或其他比例的复合肥和磷酸氢二铵 5 ~ 6 千克）。

图 2-1 施基肥

2）追肥 可以分为根部追肥和叶面追肥，根部追肥为主导，叶面追肥作为补充。根部追肥应以钾、氮肥为主，有利于果实产量的形成和品质的改善。幼瓜长到鸡蛋大小时，每亩可追施磷酸二铵 15 ~ 20 千克和硫酸钾 10 ~ 15 千克；瓜长到碗口大小时，每亩可追施尿素 5 ~ 7 千克，硫酸钾 5 ~ 10 千克，可以随水肥一体化设施施肥。叶面追肥应以补充硼、锌、钾、钙等养分，有效预防畸形、裂瓜等不良现象。在第一雌花开花前 5 ~ 7 天使用植物营养液 + 钙肥 + 硼肥，补充硼肥促进成花减少畸形；果实膨大期，每隔 7 ~ 10 天叶面喷肥，磷酸二氢钾 + 其他营养液喷，有利于提高果品质量。

2. 测土配方施肥 满足西瓜、甜瓜对养分的需求是实现高产的重要途径，通过土壤和肥料供给西瓜、甜瓜生长发育所需的养分，是简易测土施肥法的基本理论（图2-2）。测土配方施肥技术是以土壤测试和肥料田间试验为基础，根据土壤的供肥性能、作物的需肥规律和肥料效应，在合理施用有机肥的基础上，提出氮、磷、钾和中微量元素的适宜比例、用量，采用相应的施用技术，以满足作物均衡吸收各种营养，达到氮、磷、钾营养元素的平衡、有机与无机平衡、大量元素与中微量元素平衡，维持土壤肥力，减少养分的流失，达到高产、优质和高效的目的。通过测土配方施肥技术可以测定土壤中的养分状况，确定施肥种类、施肥量以及施肥时机，从而促进西瓜、甜瓜生产。

图 2-2　测土配方取土样及养分检测

1）施肥量的确定 生产上氮、磷、钾的施用比例一般为 $N : P_2O_5 : K_2O=1 : (0.3 \sim 0.5) : (0.8 \sim 1)$，肥料用量的确定，既可进行田间试验摸索合理用量，也可以通过试验摸清单位产量需肥量、土壤供肥量、肥料利用率等有关施肥参数后，产前测定土壤养分含量，通过养分平衡法肥料施用量计算公式计算施肥量。

2）施足基肥 西瓜、甜瓜田块基肥一般每亩施有机肥 1 000 ～ 1 500 千克、钙镁磷肥 40 ～ 50 千克、尿素 5 千克、硫酸钾 8 ～ 10 千克。以沟施为宜，也可施于瓜畦上，后翻入土中。

3）巧施苗肥 幼苗期，土壤中需有足够的速效肥料，以保证幼苗正常生长的需要。一般来说，在基肥中已经施入了部分化肥的地块，只要苗期不出现缺肥症状，可不追肥。若基肥中施入的化肥较少，或未配有化肥的地块，应适量巧追苗肥，以促进幼苗的正常生长发育。施肥时间以幼苗长到 2 ~ 3 片真叶时为宜，或在浇催苗水之前，每亩追施 4 ~ 5 千克尿素。苗期追肥切忌过多、距根部过近，以免烧根造成僵苗。

4）足追伸蔓肥 瓜蔓伸长以后，应在浇催蔓水之前施促蔓肥，由于伸蔓后不久瓜蔓即爬满畦面（有些地方习惯在伸蔓时给畦面进行稻草覆盖），不宜再进行中耕施肥，因此大部分肥料要在此时施下。一般每亩追施氮磷钾三元复合肥 20 ~ 25 千克，尿素 20 ~ 25 千克，硫酸钾 10 ~ 12 千克。伸蔓肥以沟施为宜，但开沟不宜太近瓜株，以免伤根，施肥后盖土。

5）酌施坐瓜肥 开花前后，是坐瓜的关键时期，为了确保植株能够正常坐瓜，一般来说不要追肥。但在幼瓜长到鸡蛋大小时，进入吸肥高峰期。此期若缺肥不仅影响瓜的膨大，而且会造成后期脱肥，使植株早衰，既降低瓜的产量，又影响瓜的品质。所以要酌施坐瓜肥，一般每亩可用高浓度复合肥 5 ~ 10 千克对水淋施。

6）适喷叶面肥 果实膨大后进入后期成熟阶段，根系的吸肥能力已明显减弱，为弥补根系吸肥不足而确保瓜的正常成熟与品质的提高，可进行叶面喷施追肥。如可喷 0.2% ~ 0.3% 的尿素溶液，或 0.2% 尿素 + 磷酸二氢钾混合液。

3. 缓控释肥的应用技术 缓控释肥是近几年发展比较快的新型肥料，具有省工省时、增产增效、安全环保等特点，深受农民喜爱。缓控释肥是根据农作物需求控制肥料养分释放量和释放速度，从而保持肥料养分的释放与农作物需求相一致。在等量施肥条件下，缓控释肥可实现作物增产 10% ~ 30%，且能够减少追肥次数，减轻土壤环境恶化和减少农作物根部病害。

1）施用技术 将缓控释肥与测土配方施肥相结合，选择相近的肥料配方，就能更有效地利用土壤养分，既减少缓控释肥用量，提高肥料利用率，又降低施肥成本。根据作物生育期长短选择不同释放周期的缓控释肥。也可使用“种肥同播”技术，即在作物播种时一次性将缓控释肥施下去，解决了农民朋友对需肥用量把握不准的问题，同时又省工、省时、省力。市场上缓控释肥控释期有 70 天、90 天、120 天，可根据作物生育期选择。

2）施肥方法 适宜的西瓜、甜瓜专用控释肥配比（氮 - 磷 - 钾）主要有 18-14-18、15-14-21 等，上述专用控释肥部分加入了西瓜、甜瓜生产所需的中微量元素。在播种前作为基肥一次施入，或者根据控释肥的释放期，确定用肥时机及间隔时间。控释肥作基肥一次开沟施入，幼苗定植时与沟施肥料距离 10 厘米左右，亩用量 80

千克左右，也可根据目标产量适当增减。

3）注意事项 一是要注意种（苗）肥隔离，以防止烧种、烧苗，作为基肥施用，注意覆土，防止养分流失。二是缓控释肥的养分释放速度和周期与土壤温度、湿度等因素有关，异常气候下出现脱肥时应及时追施速效氮肥，如尿素、硫铵。

4. 秸秆还田技术 利用秸秆提供的有机物质能够达到增效作用。该方法广泛适用于我国各地，技术较为成熟，且效果良好。东北地区可以利用机械设备对玉米秸秆进行粉碎操作，埋入地下25厘米左右，并追施氮肥，氮肥基肥、追肥比在10∶5。华北地区可以利用机械设备粉碎玉米秸秆、小麦秸秆，施埋深度在15 ～ 20厘米，控制氮肥基肥、追肥比在10∶3.5。稻麦轮作田，秸秆施埋深度在10 ～ 15厘米，控制氮肥基肥、追肥比在10∶6.5；稻田的秸秆施埋深度在20 ～ 25厘米，控制氮肥基肥、追肥比在6.5∶10。

1）配合施用氮磷化肥 秸秆直接还田时，作物与微生物争夺速效养分的矛盾，特别是争氮现象，可通过补充化肥来解决。据试验，玉米秸秆腐解过程需要的碳、氮、磷比例为100∶4∶1，一般每亩还田秸秆500千克，需施4.5千克纯氮和1.5千克纯磷或施20 ～ 50千克速效氮或10 ～ 15千克尿素。

2）秸秆粉碎与翻埋方法 秸秆粉碎还田机作业时要注意选择拖拉机作业档次和调整留茬高度，粉碎长度不宜超过10厘米，严防漏切。秸秆粉碎还田，加施化肥后，要立即旋耕或耙地灭茬而后翻耕，翻压后如土壤墒情不足，应结合灌水。在临近播种时要结合镇压，促其腐烂分解。

3）翻埋时间 秸秆直接还田的时期，一般在作物收割后立即耕翻入土，避免水分损失导致不易腐解。不影响产量的情况下应及早摘穗，趁秸秆青绿，含水率30%以上，此时秸秆本身含糖分，水分大，易被粉碎，对加快腐解、增加土壤养分大为有益。在翻埋时旱地土壤的田间持水量60%时为适合，如水分超过150%时，由于通气不良，秸秆氮矿化后易引起反硝化作用而损失氮素。

4）秸秆还田量 在薄地、化肥不足的情况下，秸秆还田离播期又较近时。秸秆的用量不宜过多；而在肥沃地、化肥较多、距苗期较远时，则可加大用量或全田翻压。注意应避免将有病害的秸秆直接还田。

5. 肥料深施技术 利用机械设备增加肥料施埋深度，使其发挥更大作用，避免雨水、风力环境的破坏，使较少用量的化肥发挥更大作用，该技术也有利于实现化肥的减施增效。按照农艺步骤的不同，西瓜、甜瓜生产中常用类型为基肥深施、追肥深施。

1）基肥深施 一是先撒肥再翻地，这种方法由于撒肥后化肥散落于地表，为避免化肥挥发，应当及时对散落的化肥进行深翻埋土，通过对耕翻犁进行一定的改造，基本上能实现深施化肥的农艺要求。二是耕翻与施肥同步进行的方式，通过翻耕犁与排肥器的配合使用，在犁开沟的同时，肥料通过排肥导管散落于犁沟之内，再经覆盖后实现化肥深施的要求，翻耕与施肥同步进行的方式有利于肥料的连续均匀，更符合化肥深施的农艺要求。

2）追肥深施 主要在生长期使用，它能够完成开沟、施肥、覆土、镇压等功能，同时在开沟施肥的过程中不损伤作物的根系，并且达到优于人工抛撒作业的施肥标准。

6. 有机肥替代技术 有机肥的使用也有利于减少作物对化肥的需量，实现化肥用量的控制，由于化肥属于无机肥，有机肥可以与其形成互补，提升综合使用效果。

1）作基肥使用 全层施用在翻地时，将有机肥料撒到地表，随着翻地将肥料全面施入土壤表层，然后耕入土中（图 2-3）。这种施肥方法简单、省力，肥料施用均匀。集中施用一般采取在定植穴内施用或挖沟施用的方法，将其集中施在根系伸展部位，可充分发挥其肥效。肥料不要接触种子或作物的根，距离根系要有一定距离，

图 2-3　有机肥作基肥

作物生长一定程度后才能吸收利用。但采用条施和穴施，可在一定程度上减少肥料施用量。

2）作追肥使用 腐熟好的有机肥料含有大量速效养分，也可作追肥使用，是生长期间的一种养分补充供给方式，一般适宜进行穴施或沟施。有机肥料养分释放需一过程，与化肥相比追肥时期应提前几天，可施用适当的单一化肥加以补充。地温低时，微生物活动小，有机肥料养分释放慢，可以把施用量的大部分作为基肥使用；而地温高时，微生物活动能力强，基肥用量太多，肥料被微生物过度分解，定植后，立即发挥肥效，可能造成作物徒长，所以，地温高时应减少基肥施用量，增加追肥施用量。

3）作育苗肥使用 育苗对养分需求量小，但养分不足不能形成壮苗，不利于移栽，也不利于以后作物生长。充分腐熟的有机肥料，养分释放均匀，养分全面，是育苗的理想肥料。一般以 10% 的发酵充分的有机肥料加入一定量的草炭、蛭石或珍珠岩，用土混合均匀作育苗基质使用。

4）作营养土使用 传统的无土栽培是以各种无机化肥配制成一定浓度的营养液，浇在营养土或营养钵等无土栽培基质上，以供作物吸收利用。营养土和营养钵，一般采用泥炭、蛭石、珍珠岩、细土为主要原料，再加入少量化肥配制而成。在基质中配上有机肥料，作为供应作物生长的营养物质，在作物的整个生长期中，隔一定时期往基质中加一次固态肥料，即可以保持养分的持续供应。用有机肥料的使用代替定期浇营养液，可减少基质栽培浇灌营养液的次数，降低生产成本。营养土栽培的一般配方为：0.75 米^3 草炭、0.13 米^3 蛭石、12 米^3 珍珠岩、3.0 千克石灰石、1.0 千克过磷酸钙（20%P_2O_5）、1.5 千克氮磷钾三元复混肥、10 千克腐熟的有机肥料。不同作物种类，可根据作物生长特点和需肥规律，调整营养土栽培配方。

7. 沼肥应用技术 沼液和沼渣总称为沼肥，是物质经过沼气池厌氧发酵的产物。沼液中含有丰富的氮、磷、钾等营养元素，有机质含量为 30% ~ 50%，腐殖酸 30% ~ 50%，均远远高于普通动物粪便，并且这些营养成分多以速效态存在，易被植物吸收。沼渣是由部分未分解的原料和新生的微生物菌体组成，含有较多腐殖酸，对土壤有改良作用，并且能增加土壤有机质。利用沼渣沼液作肥料，除供给植物生长所需的营养外，还可以刺激种子萌发、调节植物生长、增强植物抗性。

1）施用方法 在西瓜、甜瓜生长过程中，每亩基施沼渣 2 000 千克 + 复合肥 30 千克，伸蔓期、坐果期、果实膨大期每亩追施复合肥 10 千克 + 沼液 2 000 千克（与水按 1∶5 比例浇水施用）；同时，伸蔓初期开始，7 ～ 10 天喷沼液（与水按 1∶2 比例）共 3 次，后期喷对 1 倍水的沼液 1 ～ 2 次。

2）施用效果 在整个生育过程中，减少化肥农药使用 40% 以上，瓜秧苗生长旺盛，全生育期延长 6 天，果实发育期延长 4 天。分别比传统施肥方式（鸡粪＋复合肥）提高 10.13%、15.1%，且果形好、果瓤鲜红、口感沙甜。

3）注意事项 若出池后立即施用，会与作物争夺土壤中的氧气，影响种子发芽和根系发育，导致作物叶片发黄、凋萎。因此，沼肥出池后，一般先在储粪池中存放 5 ～ 7 天，才可以使用；沼肥不对水直接施在作物上，尤其是用来追施幼苗，会使作物出现灼伤现象。沼肥作追肥时要先对水稀释，一般按 1∶1 对水稀释；沼肥施与旱地作物宜采用穴施、沟施，然后盖土；施用沼肥的量不能太大，若盲目大量施用，会导致作物徒长，行间荫蔽，造成减产；与草木灰、石灰等碱性肥料混施，会造成氮素损失，从而降低肥效；不宜在炎热中午或下雨前进行沼液叶面喷肥。

8. 水肥一体化技术 通过压力管道系统与安装在末级管道上的灌水器，将肥料溶液以较小流量均匀、准确地直接输送到作物根部附近的土壤表面或土层中的灌水施肥方法，可以把水和养分按照作物生长需求，定量、定时直接供给作物。其特点是能够精确地控制灌水量和施肥量，显著提高水肥利用率。与传统技术相比，可实现节水 30% ~ 35%，节肥 40% ~ 45%，产增 15% ~ 22%。

三、设施建造与设备配套标准

设施农业是利用人工建筑的设施，以可调控的技术手段，实施生产要素的全方位调控，为农作物生长提供良好的环境条件，实现高产、高效目的的现代农业生产技术。设施农业历史久远，随着科学技术的迅速发展，它的内涵越来越丰富，技术含量越来越高，集约经营越来越高效，是高科技、高投入、高产出、高效益的集约化生产方式，成为现代农业的重要标志之一。设施农业的发展对推动现代农业建设，实现可控条件下农业生产的集约化、高效化生产经营方式，全面提升农业生产的经营管理水平；对促进农业结构调整，拓展农业功能，提高农业整体效益，增加农民收入，改善农业生态环境，加快社会主义新农村建设，具有十分重要的意义。

根据《中国农业统计资料》显示，2016 年全国西瓜、甜瓜播种面积 237.3 万公顷，其中设施西瓜、甜瓜栽培面积占总面积的 50.2%，并呈现出设施栽培面积逐年增加，露地栽培面积不断减少的趋势。目前已由地膜覆盖、小拱棚、塑料大棚、简易温室发展到具有全面环境控制设施的自动化、机械化程度较高的现代化大型温室，在农业高新技术领域已初步形成一套节能、高效、简易、实用的设施栽培技术新体系，取得良好的经济效益和社会效益。

（一）设施类型与应用

1. 地膜覆盖

1）地膜覆盖类型

（1）单地膜覆盖　单地膜覆盖（图 3-1）可以分为两种：一种是先播种后覆膜，即在整好的西瓜地上面挖一个大坑，坑中间播种，然后再进行覆膜，盖好的土壤不要太厚，2 厘米左右即可，并保留 10 厘米深的小坑，之后再进行覆膜，使得每一个小洞成为一个简易的小温室；另外一种是先覆膜后播种，即先把地膜覆盖好，等到温度上升到 15℃的时候，再在膜上打孔播种，这种覆盖技术，简单易学，出苗率高，适合初次种瓜者。

图 3-1　单地膜覆盖

（2）天地膜覆盖　在沟内铺设地膜，将西瓜定植在沟内，然后插竹竿、搭小棚，棚高 20 ～ 30 厘米，形成双膜低畦栽培模式（图 3-2）。天地膜覆盖栽培应尽量早些移栽定植。移栽前 2 ～ 3 天可先将地膜覆盖地面以提高定植畦地温。移栽定植时，为了经济有效地利用地膜和薄膜，最好采用双行密植栽培，在已整好的西瓜定植畦上，按行距 20 厘米、株距 50 厘米进行双行交错三角形栽植。每栽完一畦后，立即

图 3-2　天地膜覆盖

将地膜重新铺平，并将栽植孔周围用土封严。整个瓜田定植完，扣好塑料拱棚，夜间加盖草苫保温。西瓜伸蔓后，单向整枝，使每畦的两行瓜蔓分别向相反的方向伸展。为增加经济效益，可将西瓜与花生、玉米等作物套种栽培。

2）地膜覆盖的性能及应用 该模式用0.015 ~ 0.02毫米厚塑料膜或0.006~0.008毫米厚薄塑料膜覆盖作物根际，以改善土壤环境条件，促进作物生育的一种保护栽培方式，由于地膜具有透气性好，气密性强，能提高地温，减少土壤水分蒸发，保墒防涝，保持土壤疏松透气，创造适合土壤微生物活动和有机物分解的良好环境，保肥力强，肥效高，能有效促进植株生长发育，使生育期提前，可提早上市5 ~ 15天，较露地生产增产20% ~ 40%。该模式已在全国普及，尤以华北、西北、东北等春季低温少雨的地区应用最为广泛，栽培面积也较大。

2. 塑料小拱棚 塑料小拱棚栽培实际上是短期覆盖栽培，即前期温度低时进行覆盖，后期温度高时把棚膜撤除。塑料小拱棚的建造简单，使用方便、灵活，一年中可多次使用，建造材料简单，投资小的可以用竹片、枝条等就地取材临时搭建，投资高的可以做成固定式的钢筋结构。一般高50 ~ 100厘米，跨度1.2 ~ 2.0米，拱架间距60 ~ 80厘米，在拱顶部设一道纵向拉杆，既起固定作用，又覆盖方便。长度一般8 ~ 10米为一组，拆、装方便，使用灵活。

1）塑料小拱棚的类型

（1）拱圆形小棚 棚架为半圆形，高度1米左右，宽1.5 ~ 2.0米，长度依地而定；骨架可用细竹竿按棚的宽度将两头插入地下，形成圆拱；相邻两根拱杆相距30 ~ 50厘米；全部拱杆插完后绑3 ~ 4道横拉杆，使骨架形成一个牢固的整体（图3-3）。覆盖棚膜后，一般在棚顶中央留一条放风口，采用扒缝放风，或者不留放风口，仅在棚的南面揭开薄膜底部进行通风。

（2）半拱圆小棚 棚架为拱圆形小棚的一半，北面为1米左右高的土墙或砖墙，南面为半拱圆的棚面。棚高一般为1.1 ~ 1.3米，跨度1.5 ~ 2米，无立柱，如跨度很大，中间可设1 ~ 2排立柱。放风口设在棚的南面中腰部，采用扒缝放风。

（3）双斜面小棚 棚架为三角形或屋脊形，适于多雨地区。中间设1排立柱，柱顶上拉一道8号铁丝，两侧用竹竿斜立绑成三角形（图3-4）。可在平地架棚，棚高1 ~ 1.2米，宽1.5 ~ 2米；也可在棚的四周筑起高30厘米左右的畦框，在畦上立棚架，覆盖塑料薄膜即成。

2）小拱棚性能及应用 小拱棚在全国各地分布广泛，主要用作春季早熟栽培。

图 3-3　拱圆形小棚

图 3-4　双斜面小拱棚

由于其易设置、成本低、管理方便，适宜大面积推广。小拱棚的温度特性很适宜瓜果在日光温室和春茬露地栽培供应期的中间上市。大面积小拱棚瓜果生产，对保证瓜果的周年供应，缓解华北春淡低谷，有着很重要的作用。为增加保温效果，在小拱棚内加盖一层地膜或再加上防寒保温的覆盖物，可较露地提早上市 10 ~ 20 天，是目前应用较多、较普及的一种小拱棚栽培形式。

（1）温度　由于小拱棚的空间小，缓冲力弱，在没有外覆盖的条件下，温度变化较大棚变化剧烈。晴天时增温效果显著，阴雨雪天增温效果差，据测定，华北地区 4 月晴天时小拱棚内最高温度可达 40℃以上，最低温度为 9℃；阴天最高温度仅有 15℃，最低 8.5℃。单层覆盖条件下，小拱棚内晴天最大增温能力可达 15 ~ 20℃，在阴天、傍晚或夜间没有光热时，棚内最低温度仅比露地提高 1 ~ 3℃，遇有寒潮极易产生霜冻。冬春用于生产的小棚必须加盖草苫防寒，加盖草苫的小棚，温度可提高 2℃以上，可比露地提高 4 ～ 8℃。

（2）湿度　小拱棚覆盖薄膜后，因土壤蒸发、植株蒸腾造成棚内高湿，一般棚内空气相对湿度可达 70% ～ 100%，白天进行通风时空气相对湿度可保持在 40% ～ 60%，比露地高 20% 左右。棚内空气相对湿度的变化与棚内湿度有关，当棚温升高时，空气相对湿度降低；棚温降低时，则空气相对湿度增高；白天空气相对湿度低，夜间空气相对湿度大；晴天低，阴天高。

（3）光照　小拱棚的光照情况与薄膜的种类、新旧、水滴的有无、污染情况以及棚形结构等有较大的关系。并且不同部位的光量分布也不同，小拱棚南北的透光率差为 7% 左右。

3. 塑料中拱棚

1）塑料中拱棚的类型

（1）竹木结构　按棚的宽度插入 5 厘米宽的竹片，将其用铁丝上下绑缚一起形成拱圆形骨架，竹片入土深度 25 ～ 30 厘米。拱架间距为 1 米左右。中棚纵向设 3 道拉杆，主拉杆位置在拱架中间的下方，多用竹竿或木杆设置，主拉杆与拱架之间距离 20 厘米立吊柱支撑（图 3-5）。两道副拉杆设在主拉杆两侧部分的 1/2 处，用 12 毫米钢筋做成，两端固定在立好的水泥柱上，副拉杆距拱架 8 厘米，立吊柱支撑。两个棚头的拱架即边架，每隔一定距离在近地面处设斜支撑，斜支撑上端与拱架绑住，下端插入土中，竹木结构拱架，每隔两道拱架设一根立柱，立柱上端顶在拉杆下，下端入土 40 厘米。立柱多用木柱或粗竹竿、竹片结构的中拱棚，跨度不宜太大，

图 3-5　竹木结构中拱棚

多在 3 ～ 5 米。

（2）钢骨架结构　拱架分主架与副架，跨度为 6 米时，主架 1 根，副架 2 根，相间排列（图 3-6）。拱架间距 1.0 ～ 1.1 米。钢架结构设 3 道拉杆，拉杆设在拱架中间及其两侧部分 1/2 处，在拱架主架下弦焊接，钢管副架焊短截钢筋连接。拱架中间一道拉杆距主架上弦和副架均为 20 厘米，拱架两侧的两道拉杆，距拱架 18 厘米，不设立柱。

图 3-6　钢骨架中拱棚

2）塑料中拱棚应用及性能　中拱棚建造简易，节省材料，一般不设棚门，揭开棚膜进入棚内作业，棚内不设水道，总体造价较低。由于空间小，热容量少，晴天日出后温度上升较快，夜间或阴天温度下降也较快，保温性能不如大棚。但是中拱棚面积小，可以进行外覆盖保温，夜间覆盖草苫，可比大棚提前定植，延晚栽培，延长生育期。中拱棚是全国各地普遍应用的简易保护地设施，其性能优于小棚，次于大棚，可用于瓜果的春早熟或秋延后生产，夏季可做防雨栽培或遮阴育苗。

4. 塑料大棚　通常把不用砖石结构围护，只以竹、木、水泥或钢材等杆材做骨架，在表面覆盖塑料薄膜的大型保护地栽培设施称为塑料薄膜大棚。具有结构简单、建造方便、土地利用率高、经济效益好等优点。

1）塑料大棚的类型

（1）竹木结构大棚　一般跨度为 12 ～ 14 米，矢高 2.6 ～ 2.7 米，以 3 ～ 6 厘米直径的竹竿为拱杆，拱杆间距 1 ～ 1.1 米，每一拱杆由 6 根立柱支撑，立柱用木杆或水泥预制柱（图 3-7）。这种大棚的优点是建筑简单，拱杆有多柱支撑，比较牢固，建筑成本低。缺点是立柱多造成遮光严重，且作业不方便。

图 3-7　竹木结构大棚

（2）悬梁吊柱竹木拱架大棚　在竹木大棚的基础上改进而来的，中柱为 3 ~ 3.3 米一排，横向每排 4 ~ 6 根。用木杆或竹竿作纵向拉梁把立柱连接成一个整体，在拉梁上每个拱架下设一立柱，下端固定在拉梁上，上端支撑拱架。优点是减少了部分支柱，大大改善了棚内的光环境，但仍具有较强的抗风载雪能力，造价较低。

（3）拉筋吊柱大棚　一般跨度 12 米左右，长 40 ~ 60 米，矢高 2.2 米，肩高 1.5 米。水泥柱间距 2.5 ~ 3 米，水泥柱用 6 号钢筋纵向连接成一个整体，在拉筋上穿设 2 厘米长吊柱支撑拱杆，拱杆用 3 厘米左右的竹竿，间距 1 米，是一种钢竹混合结构。夜间可在棚上面盖草帘。优点是建筑简单，用钢量少，支柱少，减少了遮光，作业也比较方便，而且夜间有草帘覆盖保温，提早和延晚栽培效果好。

（4）无柱钢架大棚　一般跨度为 10 ~ 12 米，矢高 2.5 ~ 2.7 米，每隔 1 米设一道桁架，桁架上弦用 16 号钢筋，下弦用 14 号的钢筋，拉花用 12 号钢筋焊接而成，桁架下弦处用 5 道 16 号钢筋做纵向拉梁，拉梁上用 14 号钢筋焊接两个斜向小立柱支撑在拱架上，以防拱架扭曲（图 3-8）。此种大棚无支柱，透光性好，作业方便，有利于设置内保温，抗风载雪能力强。可由专门的厂家生产成装配式以便于拆卸。与竹木大棚相比，一次性投资较大。

（5）镀锌薄壁钢管大棚　一般跨度为 6 ~ 8 米，矢高 2.5 ~ 3 米，长 30 ~ 50 米。用 25 号 ×（1.2 ~ 1.5）毫米薄壁钢管制作成拱杆、拉杆、立杆（两端棚头用），钢管内外热浸镀锌以延长使用寿命（图 3-9）。用卡具、套管连接棚杆组装成棚体，覆盖薄膜用卡膜槽固定。此种棚架属于国家定型产品，规格统一，组装拆卸方便，盖

图 3-8 无柱钢架大棚

图 3-9 镀锌薄壁钢管大棚

膜方便。棚内空间较大，无立柱，两侧附有手动式卷膜器，作业方便。

2）塑料大棚应用及性能 塑料大棚主要依靠太阳辐射来增温，不需要加温设施。与日光温室相比，保温效果较差，温度变化较快，日温差较大。因此，大棚主要用春提早、秋延后栽培或从春到秋的长季节栽培，此时通过保温和通风降温可使棚温保持在 15 ～ 30℃的生长适温。实际生产中可采用多层膜覆盖增加保温效果。

（1）气温 大棚的温度常受外界条件的影响，有着明显的季节性差异。河南省从 12 月下旬至翌年 1 月下旬，棚内平均气温在 5℃左右；2 月上旬以后，棚内气温日趋回升；至3月中旬至4月中旬，气温可达15 ~ 38℃；5 ~ 6月棚内最高温度可达50℃；9月中旬以前，白天最高气温在30℃以上，夜间最低气温15℃左右；9月中旬至10月中旬以前，白天最高温度30℃左右，夜间最低温度6 ~ 15℃并逐步降低；10月中旬至11月中旬，白天最高气温20℃左右，夜温一般3 ~ 6℃，有时甚至0℃左右；11月下旬以后，大棚内长期出现霜冻。在晴天或多云天气日出前出现最低温度迟于露地，且持续时间短；日出后1 ~ 2小时气温即迅速升高，7 ~ 10时升温最快；日最高气温出现在12 ~ 13时，14 ~ 15时以后棚温开始下降，夜间棚温变化情况和外界基本一致，通常比露地高3 ~ 6℃。棚内昼夜温差，11月下旬至翌年2月中旬多在10℃以上，很少超过15℃。3 ~ 9月昼夜温差常在20℃左右，甚至达30℃。日出后棚体接受阳光，先由东侧开始，逐渐转向南侧，再转向西侧。棚内上下部温度，白天棚顶一般高于底部和地面3 ~ 4℃，而夜间正相反，土壤深层高于地表2 ~ 4℃，四周温度较低。

（2）地温　一天中棚内最高地温比最高气温出现的时间晚2小时，最低地温也比最低气温出现的时间晚2小时。黄淮地区大棚内3月初的地温尚低，3月上中旬，10厘米地温多在10 ~ 17℃，4 ~ 5月10厘米地温上升至19 ~ 24℃，6 ~ 9月地温多在30℃以上。到晚秋，棚内地温仍能维持10 ~ 21℃，适于秋延后栽培；入冬以后，露地封冻时，棚内地温仅保持2 ~ 5℃。

（3）光照　由于建棚所用的材料不同，遮阳面的大小有很大差异。双层棚与单层棚相比，受光量减少1/2左右。钢骨架大棚受光条件较好，仅比露地减少28%；竹木结构棚立柱多，遮阳面大，受光量减少37.5%。棚架材料越粗大，棚顶结构越复杂，遮阳面积就越大。塑料薄膜的透光率，因质量不同而有很大差异。最好的薄膜透光率可达90%，一般为80% ~ 85%，较差的仅为70%左右。使用中老化变质、灰尘和水滴的污染，会大大降低透光率。

（3）湿度　由于薄膜气密性强，当棚内土壤水分蒸发、蔬菜蒸腾作用加强时，水分难以逸出，常使棚内空气相对湿度很高。若不进行通风，白天棚内空气相对湿度为80% ~ 90%，夜间常达100%，呈现饱和状态。因此，大棚内必须通风排湿、中耕、灌水，防止出现高温多湿、低温多湿等现象。大棚内适宜的空气相对湿度，白天为50% ~ 60%，夜间为80%左右。

5. 日光温室　日光温室又称暖棚，由两侧山墙、维护后墙体、支撑骨架及覆盖材料组成，是一种在室内不加热的温室，通过后墙体对太阳能吸收实现蓄放热，维持室内一定的温度水平，以满足作物生长的需要。

1）日光温室的类型

（1）单屋面日光温室　从传统暖窖演进而来的我国温室类型，都以单屋面温室为主，通常坐北朝南，东西延长，北东西三面墙体为泥土、砖石或夹心墙，后屋面构架为竹木或铁木混合材料，覆盖物为秸秆、蒲席等保温层，采光屋面向南倾斜（图3-10）。根据日光温室演变顺序，主要有：鞍山式日光温室、北京改良式日光温室、三折式日光温室。其中，鞍山式日光温室土墙较厚，前后挖防寒沟，玻璃屋面采光，又有草席防寒，保温性好；北京改良式日光温室因墙体较矮，栽培空间体积小，便于增温、保温，节省能源，适于周年生产，但也存在土地利用率低，操作不便，局部温差大等缺点；三折式日光温室空间高大，室内采光好，升温快，保温好，土地利用率高，改炉火烟道加热为温室四周设散热器进行水暖加热，局部温差小，适于周年生产。

图3-10　单屋面日光温室

（2）双屋面日光温室　其屋面有两个方向相反的采光面，四壁也由透光材料组成，是一种全光温室，主要由钢筋混凝土基础、钢材或铝合金骨架、玻璃或硬质塑料板等透明覆盖材料、保温和遮光幕等环境调控装置等构成。通常是南北延长的单栋日光温室，比较高大，具较强环境调控功能，可周年生产，其形式规格多种多样，跨度从3 ~ 5米至8 ~ 12米，长度20 ~ 40米，开间2.5 ~ 3.0米设一人字架和间柱，脊高3 ~ 5米，侧壁高1.5 ~ 2.5米。

2）日光温室应用及性能　日光温室是采用较简易的设施，充分利用太阳能，在寒冷地区一般不加温进行越冬栽培，主要用作北方地区冬春茬长季节果菜栽培，还作为春季早熟、秋季延后栽培以及园艺作物的育苗设施等多种用途。

（1）气温　在不同的天气条件下，日光温室的气温总是明显高于室外气温，严冬季节的旬平均气温室内比室外高 15 ~ 18℃。晴天增温比阴天明显，严冬季节晴天的正午前后，室内外温差可达 25 ~ 28℃。晴天时，12 月和翌年 1 月的最低气温出现在 8 时 30 分左右。揭苫后，气温略有下降，而后迅速上升，11 时前上升最快，13 时达到高峰值，此后开始缓慢下降，15 时后下降速度加快，直至 16 ~ 17 时。盖苫时，由于热传导、辐射暂时减少，气温略有回升，此后外界气温下降，室温则呈缓慢下降趋势，直至次日晨揭苫前降到最低值。

（2）地温　日光温室中，12 月下旬，当室外 0 ~ 20 厘米平均地温下降到 1.4℃时，室内平均地温为 13.4℃，比室外高 12℃。1 月下旬，室内 10 厘米、20 厘米和 50 厘米的地温比室外分别高 13.2℃、12.7℃和 10.3℃。一般的耕作层为地表至地下 20 厘米，因此，日光温室内的地温，完全可以满足作物生长过程中，根系伸长和吸收水分、养分等生理活动的进行。

（3）光照　日光温室的光照状况，与季节、时间、天气情况以及温室的方位、结构、建材、棚模、管理技术等密切相关。不同棚型结构其采光量不同，温室内的光照分布，光强变化的规律和特点是基本一致的。在 12 时至 12 时 10 分，强光条件下，尽管温室内各点光照强度几乎都在 3 万勒以上，但温室南部边柱处（距南沿 1.4 米）较中柱处高 1 万勒，边柱处光照强度高于中柱处，而在 16 时至 16 时 10 分，散射光条件下，整个温室内光照强度基本无差异，不同时间，温室内不同部位光照强度与外界自然光强相比，13 时，温室中部二道柱处，最强光强约占自然光强 80%，16 时中部最强光强也占自然光强 80% 左右，而在 9 时当外界光强为 3 万勒时，温室中部最强光照强度仅为自然光强的 50% 左右。

6. 现代化智能温室　指能够进行温室内温度、湿度、水分等环境条件自动控制的大型单栋或连栋温室，多采取硬质塑料板或塑料薄膜等进行覆盖，温室内环境由计算机监测和智能化管理系统控制，可以根据植物生长发育要求进行自动调控。

1）现代智能温室的类型

（1）芬洛型玻璃温室　荷兰研究开发而一种多脊连栋小屋面玻璃温室（图 3-11）。其单间跨度为 6.4 米、8 米、9.6 米、12.8 米，开间距 4 米或 4.5 米，檐高 3.5 ~ 5.0

米，每跨由 2 个或 3 个小屋面直接支撑在桁架上，小屋面跨度 3.2 米，矢高 0.8 米。开窗设置以屋脊为分界线，左右交错开窗，屋面开窗面积与地面积比率（通风窗比）为 19%，但由于窗的开启度仅 0.34 ~ 0.45 米，实际通风面积与地面积之比（通风比）仅为 8.5% ~ 10.5%。近年正针对亚热带地区气候特点，向加大温室高度，檐高从传统的 2.5 米增高到 3.3 米，直至 4.5 ~ 5 米；小屋面跨度从 3.2 米增加到 4 米，间柱的距离从 4 米增加到 4.5 ~ 5 米，并在顶侧通风、外遮阳，加强抗台风，加固基础强度，加大排水沟，增加夏季通风降温效果方面改进。

图 3-11　芬洛型玻璃温室

（2）里歇尔温室　法国瑞奇温室公司研究开发的一种塑料薄膜温室（图 3-12）。其单栋跨度为 6.4 ~ 8 米，檐高 3.0 ~ 4.0 米，开间距 3.0 ~ 4.0 米，固定于屋脊部的天窗能实现半边屋面开启通风换气，也可以设侧窗，屋脊窗通风，通风面为 20% 和 35%，但由于半屋面开窗的开启度只有 30%，实际通风比为 20%（跨度为 6.4 米）和 16%（跨度为 8 米）。该种温室的自然通风效果较好，而且采用双层充气膜覆盖，可节省能耗 30% ~ 40%，构件比玻璃温室少，空间大，遮阴面少，根据不同地区风力强度大小、积雪厚度，可选择相应类型结构，但双层充气膜在南方冬季多阴雨雪情况下，影响透光性。

（3）卷膜式全开放型塑料温室　除山墙外，顶侧屋面均通过手动或电动卷膜机将覆盖薄膜由下而上卷起通风透气的一种拱圆形连栋塑料温室（图 3-13）。通过卷膜装置全部卷起来而成为与露地相似的状态，以利夏季高温季节栽培作物。通风口可全面覆盖凉爽纱而有防虫之效。夏季接受雨水淋溶可防止土壤盐类积聚，简易、

图 3-12　里歇尔温室

图 3-13　卷膜式全开放型塑料温室

节能，利于夏季通风降温等效果。

（4）屋顶全开启型温室　由意大利的 Serre Italia 公司研制成，其结构与芬洛型相似（图 3-14）。以天沟檐部为支点，可以从屋脊部打开天窗，开启度可达到垂直程度。侧窗则用上下推拉方式开启，全开时可使室内外温度保持一致。便于夏季接受雨水淋洗，防止土壤盐类积聚。可依室内温度、降水量和风速而通过电脑智能控制自动关闭窗。

2）智能温室应用及性能　作为设施农业中的高级类型，拥有综合环境控制系统，利用该系统可以直接调节室内温、光、水、肥、气等诸多因素，可以实现周年高产、精细生产，从而实现更精准的管理，获得更优质的产品。

（1）采光性　节能型日光温室的透光率一般在 60% ~ 80%，当光线入射角由 0°

图 3-14 屋顶全开启型温室

增大到 40° 时，对透明材料的透光率影响不大，光量的反射损失率只有几个百分点；当入射角在 40° ~ 60° 内变化时，透光率随入射角增大呈显著下降趋势；入射角大于 60° 时，透光率呈急剧下降趋势。所以，40° 的入射角或 50° 的入射角是影响透明材料透光率大小的临界点。冬季早晨外界气温很低，偏东温室在早晨揭开草帘后，室内温度往往明显下降。日光温室的方位尽量以偏西为好，这样有利于延长午后的光照时间和夜间保温。均以偏西 5° 为宜，不宜超过 10° 。

（2）保温性　日光温室主要由围护墙体、后屋面和前屋面 3 部分组成，简称日光温室的“三要素”，其中前屋面是温室的全部采光面，白天采光时段前屋面只覆盖塑料膜采光，当室外光照减弱时，及时用活动保温被覆盖塑料膜，以加强温室的保温。且科学利用南部采光，北部蓄热原理，为温室提供了充足的光照和保温效果。一般室内外气温差可保持在 21 ~ 25℃。

（二）智能配套设备

1. 自然通风系统　温室通风换气、调节室温的主要方式有顶窗通风（图 3-15）、侧窗通风（图 3-16）和顶侧窗通风等 3 种方式。侧窗通风有转动式、卷帘式和移动式 3 种类型。玻璃温室多采用转动式和移动式，薄膜温室多采用卷帘式。顶窗通风，其天窗的设置方式多种多样。如何在通风面积、结构强度、运行可靠性和空气交换效果等方面兼顾，综合优化结构设计与施工乃是提高高湿、高温情况下自然通气效

图 3-15　顶窗通风

图 3-16　侧窗放风

果的关键。

2. 加热系统　与通风系统结合，可为温室内作物生长创造适宜的温度和湿度条件。目前冬季加热方式多采用集中供热、分区控制方式。主要有热水管道加热、热风加热、太阳能集热等系统。

1）热水管道加热系统　由锅炉、锅炉房、调节组、连接附件及传感器、进水及回水主管、温室内的散热管等组成（图 3-17）。在供热调控过程中，调节组是关键环节，在主调节组和分调节组分别对主输水管、分输水管的水温，按计算机系统指令，通过调节阀门叶片的角度来实现水温的调节。随着社会上环保意识的增强，燃煤锅炉基本上不让使用，地源热泵作为一种新型节能环保技术，在温室生产推广应用，其是利用地表水或者浅层地下水作为热（冷）源，既可以给温室加温，又可以制冷降温的现代空调工艺，可以有效地提高温室内的温度，制热系数达到 3.39，让温室内温度稳定在 12 ～ 17℃时，比最常用的燃煤锅炉节能约 36%。

2）热风炉加热系统　利用热风炉通过风机把热风送入温室各部分加热的方式。该系统由热风炉（图 3-18）、送气管道（一般用 PE 膜做成）、附件及传感器等组成。采用燃油或燃气加热，其特点是室温升高快，但停止加热后降温也快，且易形成叶面积水，加热效果不及热水管道加热系统，但具有节省设备资材，安装维修方便，占地面积少，一次性投资少等优点，适于面积小，加温周期短，局部或临时加热需求大的温室选用。此外，还可利用工厂余热，太阳能集热加温器、地下热交换等节能技术。

3）太阳能集热系统　利用太阳能集热的方法来改善温室内的微气候（图 3-19）。用温室内部北墙上的集热器进行主动蓄放热，白天利用水流介质将到达温室北墙的太阳辐射吸收并蓄积起来，等夜晚环境温度降低以后，再通过反向循环将

图 3-17　热水管道加热系统

图 3-18　热风炉

图 3-19　温室太阳能集热系统

热量在室内释放出来。在日光温室后墙顶部可直接安装日光温室专用多曲面槽式太阳能空气集热器，该集热器体积小，安装方便，且不占用耕地，晴好天气时，最大单位日积累热量可达 6.2 兆焦 / 米 ^{2}。

3. 幕帘系统　包括帘幕系统和传动系统。帘幕依安装位置可分为内遮阳保温幕和外遮阳保温幕两种。

1）内遮阳保温幕　系采用铝箔条或镀铝膜与聚酯线条间隔经特殊工艺编织而成的缀铝膜（图 3-20）。按保温和遮阳不同要求，嵌入不同比例的铝箔条，具有保温节能，遮阳降温，防水滴，减少土壤蒸发和作物蒸腾，从而节约灌溉用水的功效。这种密闭型的膜，可用于白天温室遮阳降温、夜间的保温。夜间因其具有隔断红外长光波阻止热量散失，故具有保温的效果，在晴朗冬夜盖膜的不加温温室比不盖膜的平均增温 3 ~ 4℃，最高达 7℃，可节能耗 20% ~ 40%。而用于白天覆盖铝箔可

图 3-20　内遮阳保温幕

反射掉光能 95% 以上，因而具有良好的降温作用。目前有瑞典产和国产的适于无顶通风温室及北方严寒地区应用的密闭型遮阳保温幕，也有适于具自然通风温室的透气型幕等多种规格产品可供选用。

2）外遮阳保温幕 利用遮光率为 70% 或 50% 的透气黑色网幕，或缀铝膜（铝箔条比例较少）覆盖于距离温室顶上 30 ~ 50 厘米处，比不覆盖的可降低室温 4 ~ 7℃，最多时可降 10℃，同时也可防止作物日灼伤，提高品质和质量（图 3-21）。

图 3-21 外遮阳保温幕

4. 降温系统

1）微雾降温系统 使用普通水，经过微雾系统自身配备的两级微米级的过滤系统过滤后进入高压泵，经加压后的水通过管路输送到雾嘴，高压水流以高速撞击针式雾嘴的针，从而形成微米级的雾粒，喷入温室，使其迅速蒸发以大量吸收空气中的热量，然后将潮湿空气排出室外而达到降温目的，适于空气相对湿度较低、自然通风好的温室应用（图 3-22）。不仅降温成本低，而且降温效果好，其降温能力

图 3-22 微雾降温系统

在 3 ~ 10℃，是一种最新降温技术，一般适于长度超过 40 米的温室采用。该系统也可用于喷农药施叶面肥、加湿及人工造景等多功能微雾系统，依功率大小已有多种规格产品。

2）湿帘降温系统 以水泵将水打至温室帘墙上，使特制的疏水湿帘能确保水分均匀淋湿整个降温湿帘墙，湿帘（图 3-23）通常安装在温室北墙上，以避免遮光影响作物生长，风机（图 3-24）则安装在南墙上，当需要降温时启动风机将温室内的空气强制抽出，形成负压；室外空气因负压被吸入室内的过程中以一定速度从湿帘缝隙穿过，与潮湿介质表面的水汽进行热交换，导致水分蒸发和冷却，冷空气流

图 3-23　湿帘

图 3-24　风机

经温室吸热后经风机排出而达降温目的。在炎夏晴天，尤其中午温度达最高值，空气相对湿度最低时，降温效果最好，是一种简易有效的降温系统，但高湿季节或地区，降温效果受影响。

5. 补光系统 主要用于弥补冬季或阴雨天的光照不足，所采用的光源灯具要求有防潮专业设计，使用寿命长，发光效率高，光输出量比普通钠灯高 10% 以上（图 3-25）。有国产的南京灯泡厂生产的生物效应灯和荷兰飞利浦的农用钠灯（400 瓦），其光谱都近似日光光谱，由于系作为光合作用能源补充阳光不足，要求光强在 1 万勒以上，悬挂的位置宜与植物行向垂直。

图 3-25 补光灯

6. 补气系统

1）CO_2 施肥系统 CO_2 气源可直接使用储气罐或储液罐中的工业制品 CO_2，也可利用 CO_2 发生器将煤油或石油气等碳氢化合物通过充分燃烧而释放 CO_2。如采用 CO_2 发生器则可将发生器直接悬挂在钢架结构上。采用储气储液罐则需通过配置的电磁阀、鼓风机和输送管道把 CO_2 均匀地分布到整个温室空间，为及时检测 CO_2

浓度需在室内安装 CO_2 分析仪，通过计算机控制系统检测并实现对 CO_2 浓度的精确控制（图 3-26）。

图 3-26　CO_2 施肥器

2）环流风机　封闭的温室内，CO_2 通过管道分布到室内，均匀性较差，启动环流风机可提高 CO_2 浓度分布的均匀性（图 3-27）。此外，通过风机还可以促进室内温度、空气相对湿度分布均匀，从而保证室内作物生长的一致性和品质，并能将湿热空气从通气窗排出，实现降温的效果。

图 3-27　环流风机

7. 灌溉施肥系统　主要包括水源、储水及供给设施，水处理设施、灌溉和施肥设施、田间管道系统、灌水器（如滴头）等（图 3-28）。常见的灌溉系统有适于地栽作物的滴灌系统；适于基质袋培和盆栽的滴箭系统；适于温室矮生地栽作物的喷嘴向上的喷灌系统或向下的倒悬式喷灌系统；适于工厂化育苗的悬挂式可往复移动式喷灌机，带有启动器，智能控制喷灌地块，自动变速、停运、退回等功效。在灌溉施肥系统中，多采用混合罐方式，即在灌溉水和肥料施到田间前，按系统 EC 值和 pH 的设定范围，在混合罐中将水和肥料均匀混合，为防不同化学成分混合时发生沉淀，设 A、B 罐与酸碱液。在混合前有二次过滤，以防堵塞。该系统不仅能够控制灌溉速度和喷水大小，还能将肥料溶于水中，实现均匀施肥的目的，解放劳动力，提高种植效率。

图 3-28　灌溉施肥系统

8. 计算机自动控制系统　为现代温室环境控制的核心技术，主要由信息展示屏、无线传感器、控制器及系统软件等组成（图 3-29）。信息展示屏主要用于展示大棚内各无线传感器采集的环境数据和现场场景；无线传感器用于采集农业大棚内影响作物生长的环境数据，以及进出大棚人员物资信息和农作物生长现场的图像，经物联网信息平台上传到物联网平台服务器；控制器可自动启动相关硬件设备对实现作物生长过程准确控制；系统软件安装在实验平台服务器，用于对采集的数据汇总、展示、比对控制。可自动测量温室的气候和土壤参数，并对温室内配置的所有设备都能实现优化运行而实行自动控制，可实时采集和传输温室大棚内的温度、湿度、光照、土壤温度、土壤湿度、CO_2 浓度、叶面湿度、露点温度等环境参数，通过 PC 电脑、移动手机和平板电脑以直观的图表和曲线的方式显示给用户，并根据种植作物的需求提供各种声光报警信息。

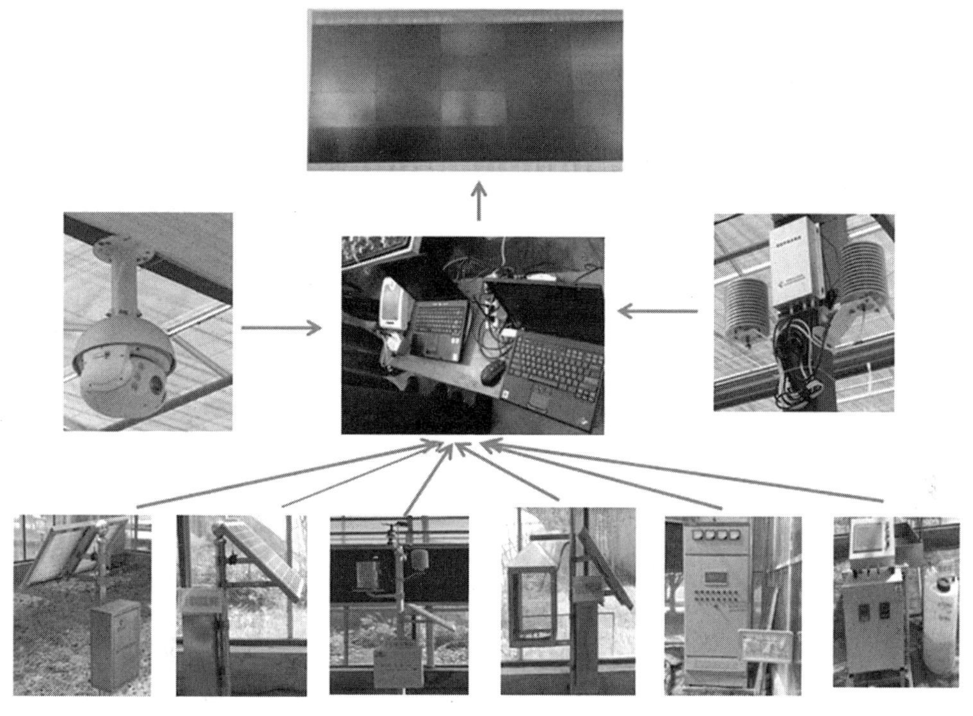

图 3-29　计算机自动控制系统

9. 射频识别系统　射频识别技术是 20 世纪 90 年代开始兴起的一种自动识别技术，是一项利用射频信号通过空间耦合（交变磁场或电磁场）实现无接触信息传递，并通过所传递的信息达到识别目的的技术。射频识别系统一般都由信号发射机、信号接收机、发射接收天线几部分组成（图 3-30）。其优点是非接触识别，它能穿透雪、雾、冰、涂料、尘垢和条形码无法使用的恶劣环境阅读标签，并且阅读速度极快，大多数情况下不到 100 毫秒。通过给每个植株一个单独的芯片，监测记录植株的生长信息，并将数据集成于条形码或二维码，附着于产品上，消费者在购买产品时能够直接用手机扫码查看产品生长过程和采摘后的信息，让消费者放心购买。

图 3-30　射频识别系统

四、品种选择与壮苗培育

（一）品种选择的原则

1. 品种登记 通过国家非主要农作物品种登记，通过登记的品种一般产量稳定、适应性强、安全系数高。

2. 优质原则 随着生活水平的提高，广大消费者对果品品质的要求愈来愈高，因此应把优质放在十分重要的位置。当前，市场总量已趋饱和，优质品种竞争力强，市场销售价比一般品种高50%，甚至1倍以上。优质主要包括果实的商品性状、瓜瓤的质地及口感。商品性状包括果实外形、色泽、大小、是否适合当地消费者习惯；品质主要指瓜瓤的质地，应达到细嫩、松脆、纤维少、多汁，中心可溶性固形物含量高。

3. 抗病原则 从环保、生态条件出发，抗病品种可以减少农药用量，减少产品污染，保证其食用安全。抗病品种可抗御不良气候条件，增加产量、稳定西瓜生产。品质与抗病性有一定的矛盾，优质品种一般抗病性不理想；相反，抗病性强的品种，品质不一定优良。目前从西瓜抗病育种的现状出发，对优质品种要求不宜过高，只要能通过栽培措施的控制，不因病害造成重大损失的品种，仍然要考虑种植。

4. 适应性强原则 确定主栽品种，首先应利用当地或就近地区育成的品种，因其适应当地气候条件，栽培容易成功。引种应引进同一生态类型的品种，通过1～2年试种再确定。

5. 市场需求原则 目前，市场上的西瓜、甜瓜品种良莠不齐，在选择品种时，应兼顾产量、抗性、品质和市场需求等多个因素。要根据当地市场的需求、消费习惯和消费水平确定品种类型。

6. 因地制宜原则　设施栽培应选早熟品种；当地销售的，宜选皮薄的品种，远销外地的，则选耐储运品种；土质疏松的，应选果型较小的早中熟品种；水田黏土，宜选中熟品种；施肥水平高的地区，宜选耐肥品种；在肥源缺少地区，选择省肥品种；在技术水平高、劳动充足的地区，可选早熟品种，并延长结果期以争取丰收；在技术水平低、劳力紧张的地区，以中熟品种，粗放栽培为宜。

（二）优良西瓜、甜瓜品种

1. 小果礼品型西瓜品种

1）京颖　北京京研益农科技发展中心选育。登记编号：GPD 西瓜（2018）110378。果实发育期 33 天。植株生长势中等，第一雌花着生节位 7.7 节，单瓜重 1.62 千克，果实椭圆形，果型指数 1.22，果皮绿色，覆细齿条，蜡粉轻，皮厚 0.6 厘米，较脆。果肉红色，中心可溶性固形物含量 12.0%。

2）黄蜜隆　河南省农业科学院园艺研究所、开封市农林科学研究院选育。登记编号：GPD 西瓜（2019）410234。果实发育期 29 天左右。植株生长势中等，分枝生长势中等，叶色浓绿，缺刻深，易坐果。第一雌花着生节位 6 ~ 8 节，雌花间隔 5 ~ 6 节。果实高圆形，纵径 16.2 厘米，横径 14.2 厘米，果型指数 1.1 ~ 1.2，青网纹，果肉黄色，肉质硬脆。最大单瓜重 2.1 千克。

3）众天红　中国农业科学院郑州果树研究所选育。登记编号：GPD 西瓜（2017）410103。果实发育期 33.8 天。第一雌花着生节位 8.3 节，单瓜重 1.66 千克。果实高圆形，果型指数 1.08，果皮浅绿色，覆细齿条，蜡粉轻，果皮厚度 0.45 厘米，果皮较脆，红瓤。中心可溶性固形物含量 11.8%。感枯萎病，耐低温弱光能力强。适合在低温弱光的大棚、日光温室设施内进行冬春季早熟栽培。

4）华晶十三　洛阳市农发农业科技有限公司、河南省西瓜育种工程技术研究中心选育。登记编号：GPD 西瓜（2017）410068。果实发育期 26 ~ 27 天。极早熟品种，果实正圆形，果皮绿色覆浓绿条带，一般单果重 2.2 千克。果皮厚 0.4 ~ 0.5 厘米；瓜瓤鲜红，瓤质脆，口感好。耐低温弱光性好，分枝性较弱。中心可溶性固形物含量 12.4%，边糖含量 9.4%。轻抗枯萎病，感病毒病，植株长势稳健，分枝性较弱。

5）彩虹瓜之宝　河南豫艺种业科技发展有限公司选育。果实发育期 31.4 ~ 33

天。生长稳健,植株分枝性一般,叶色浓绿,叶形掌状；第一雌花着生节位7.6 ~ 7.8节，雌花间隔节位 5.8 ~ 8.6 节；果实高圆形,果型指数 1.0 ~ 1.1；出现厚皮空心现象少；果皮绿皮,覆深绿色细条带,单瓜重 1.6 ~ 1.8 千克；果皮厚 0.4 ~ 0.5 厘米,不耐储运；果肉黄红，肉质脆。

6）斯维特 河南省农业科学院园艺研究所选育。果实发育期 26 天左右。植株生长势强,果实椭圆形,底色绿,上覆锯齿状窄条带,外形美观。早熟性好,较耐裂果,易坐瓜,单瓜重 2 ~ 3 千克。果肉红色,肉质脆嫩,口感好,中心可溶性固形物含量高,最高可达 13% 以上，心边梯度小。

7）金冠隆 河南省农业科学院园艺研究所选育。果实发育期 28 天左右。植株生长势中等，分枝生长势中等，叶色浓绿，叶柄、叶脉金黄色，易坐果。第一雌花着生节位 5 ~ 7 节，雌花间隔 4 ~ 5 节。最大单瓜重 1.7 千克。果实圆形，纵径 13.0 厘米，横径 13.2 厘米，果型指数 0.9 ~ 1.1，果皮黄色覆金黄色条带，果肉红色。

8）菊城红玲 开封市农林科学研究院选育，登记编号: GPD 西瓜（2018）410186。果实发育期 25 天左右，平均坐果节位 6，雌花间隔 6 节。最大单瓜重 4.25 千克,平均单瓜重 3.21 千克。果实椭圆形,果型指数 1.15。果皮绿色覆深绿色细齿条，果皮厚度 0.7 厘米，果皮韧。果实表面有蜡粉。果肉颜色粉红，肉质脆沙，无空心，中心可溶性固形物含量 13.2%。

9）菊城惠玲 开封市农林科学研究院、河南省农业科学院园艺研究所选育。果实发育期 25 天左右。植株生长势中等，分枝生长势中等，叶色浓绿，缺刻深，易坐果。第一雌花着生节位 6 ~ 8 节，雌花间隔 5 ~ 6 节。果实高圆形，纵径 16.2 厘米左右，横径 14.2 厘米左右，果型指数 1.1 ~ 1.2，绿墨齿条，果肉红色，肉质硬脆，最大单瓜重 2.1 千克。

10）中兴红 1 号 中国农业科学院郑州果树研究所选育，登记编号:［GPD 西瓜（2018）410562］（图 4-1）。全生育期 96 天左右，果实发育期 28 ~ 32 天，幼苗生长势中等，田间生长势稳健，第一雌花着生节位 7 节，雌花间隔 6 节，易坐果，连续坐果能力强；平均单瓜重 1.70 千克，平均亩产量 3 000 千克；果实椭圆形，果型指数 1.28，果皮绿色，覆墨绿细锯齿条，有蜡粉；果肉红色，剖面均匀，肉质脆嫩，口感好，中心可溶性固形物含量 13% 左右，边部 10% 左右；果皮厚 0.6 厘米，果皮脆韧，耐储运。

图 4-1　中兴红 1 号

11）早春翠玉　中国农业科学院郑州果树研究所选育，登记编号：GPD 西瓜（2018）410629（图 4-2）。植株生长势中等，分枝力较强，叶片缺刻较深，株型紧凑，易坐果，连续坐果力强，全生育期 90 天左右，果实发育期 28 天左右。果实高圆形，皮厚 0.6 厘米左右，皮色深绿覆窄锯齿条带，果肉橙黄色，纤维少，肉质酥脆可口，风味好，中心可溶性固形物含量 12.5% 左右，边部可溶性固形物含量 10% 左右，单瓜重 2 千克左右，一般亩产 2 800 千克左右。

图 4-2　早春翠玉

2. 早熟西瓜品种

1）京欣一号　北京市农林科学院蔬菜研究中心选育。果实发育期 28 ~ 30 天。第一雌花着生节位 6 ~ 7 节，雌花间隔 5 ~ 6 节，抗炭疽病较强，在低温弱光条件下容易坐果。果实圆形，果皮绿色，上有薄薄的白色蜡粉，有明显绿色条带 15 ~ 17 条，果皮厚度 1 厘米，肉色桃红，纤维极少，中心可溶性固形物含量 11% ~ 12%，单果重 5 ~ 7 千克。

2）星研七号　河北双星种业股份有限公司选育。果实近圆形，果皮青绿着黑色窄条，外观美丽，商品性好；果肉鲜红，脆甜可口，汁多味浓；中心可溶性固形物含量 12%，果皮硬度硬，肉质细腻、口感酥脆，果皮刀插即裂；一般单瓜重 8 ~ 10 千克。

3）天骄 河南省农业科学院园艺研究所选育，登记编号：GPD 西瓜（2018）411089。果实发育期 28 天。植株长势旺，根系发达，分枝性中等，节间中长，易坐果；主蔓长 310 厘米，茎直径 0.9 厘米；叶色绿，掌状深裂，第一雌花节位第六节，雌花间隔 6 节；果实圆形，果型指数 1.0，果皮浅绿底上覆墨绿色条带，果皮厚 1.0 厘米，单瓜重 5 ~ 6 千克；果肉大红，质脆多汁。

4）天骄 3 号 河南省农业科学院园艺研究所选育，登记编号：GPD 西瓜（2018）410759。果实发育期 28 天左右。第一雌花着生节位 7 节，雌花间隔 7 节。植株生长健壮，易坐果。果实圆形，纵径 23.5 厘米，横径 22.5 厘米，果型指数 1.0。果实花皮，果皮厚 1.0 厘米，果皮脆，果皮深绿覆窄墨绿色条带，较耐储运。果肉颜色红，肉质脆，无空心，最大单瓜重 7.5 千克，平均单瓜重 5.2 千克。

5）早佳（84–24） 新疆农业科学院园艺作物研究所、新疆维吾尔自治区葡萄瓜果研究所选育，登记编号：GPD 西瓜（2018）650162（图 4–3）。果实发育期 35 天左右。果实高圆形，绿皮墨绿条带、宽、中空，有果粉，皮较薄、脆，一般单瓜重在 3 ~ 4 千克，在土壤肥力好的土壤上种植，单瓜重可达到 5 ~ 8 千克。果肉深粉红，质地酥脆爽口，入口即化，品质优，口感佳。中心可溶性固形物含量 12.0%。

图 4–3 早佳（84–24）

6）中科 6 号 中国农业科学院郑州果树研究所选育，登记编号：GPD 西瓜（2018）410823。全生育期 90 天左右，果实发育期 30 天左右。幼苗生长势中等，田间生长势稳健，第一雌花着生节位 9 节，雌花间隔 6 节，易坐果；单瓜重 6 千克左右，果实高圆形，果型指数 1.05；果实表面覆蜡粉，果皮绿色上覆墨绿色锯齿条，外形美观。果皮厚度 1.0 厘米左右；果肉大红色，酥脆多汁，无空心，口感风味好，中心可溶性固形物含量 12%，边部 9%。

7）美冠 中国农业科学院郑州果树研究所选育，登记编号：GPD 西瓜（2018）

410634（图 4-4）。全生育期 97 天左右，果实发育期约 30 天。植株生长势稳健，分枝能力中等，主蔓长 265 ~ 296 厘米，茎直径 0.8 厘米，第一雌花着生节位 9 节，雌花间隔 6 节左右，易坐果；果实高圆形，果型指数 1.05，果皮深绿色上覆锯齿条带，外形美观，果皮较硬韧，较耐储运，果肉红色，酥脆多汁，口感风味好，正常条件下栽培，中心可溶性固形物含量 12%，单果重 6 千克左右，最大可达 8 千克以上，商品性好。

图 4-4　美冠

8）开优红秀　开封市农林科学研究院选育，登记编号：GPD 西瓜（2018）410184。该品种全生育期 96 天左右，果实生育期 28 天左右。第一雌花着生节位 6 节，雌花间隔 8 节。较易坐果，长势中等。果实圆形，纵径 16.3 厘米，横径 16.1 厘米，果皮厚度 1.0 厘米。绿皮覆墨绿狭齿带，果肉红色，肉质脆。果实耐储运性中等。中心可溶性固形物含量 11.8%，单瓜重可达到 5.2 ~ 8.0 千克。

9）开美一号　开封市农林科学研究院选育，登记编号：GPD 西瓜（2018）410185（图 4-5）。果实生育期 28 天左右。第一雌花着生节位 6 节，雌花间隔 6 节。较易坐果，长势中等。果实圆形，纵径 18.3 厘米，横径 18.1 厘米，果皮厚度 1.0 厘米。绿皮覆墨绿齿带，果肉红色，肉质脆。果实耐储运性中等。中心可溶性固形物含量 12.2%，单瓜重可达到 5 ~ 8 千克。

图 4-5　开美一号

10）菊城 20 早　开封市农林科学研究

图 4-6　菊城 20 早

院选育，登记编号：GPD 西瓜（2018）410249(图 4-6)。果实生育期 28 天。第一雌花位于主蔓第七节，间隔 6 节；长势稳健，分枝性中等；果实圆形，果型指数 1.1。果皮绿色上覆墨绿锯齿条，表面光滑，外形美观，皮厚 1.1 厘米。瓤色大红，瓤质脆，纤维少；单瓜重 4 ~ 5 千克，中心可溶性固形物含量 11.2%。

11）开抗早梦龙　开封市农林科学研究院选育，登记编号：GPD 西瓜（2018）410180。果实生育期 28 天。长势稳健，分枝性中等；第一雌花位于主蔓第七节，雌花间隔 7 节；果实椭圆形，果型指数 1.27，果皮绿色上覆墨绿锯齿条，表面光滑，皮厚 1.0 厘米；瓤色大红，瓤质脆，纤维少；单瓜重 4 ~ 5 千克。中心可溶性固形物含量 11%。

图 4-7　开抗早花红

12）开抗早花红　开封市农林科学研究院选育，登记编号：GPD 西瓜（2017）410205（图 4-7）。果实生育期 28 天。长势稳健，分枝性中等；第一雌花位于主蔓第七节，雌花间隔 6 节；果实椭圆形，果型指数 1.39，果皮绿色上覆墨绿锯齿条，表面光滑，皮厚 1.0 厘米；瓤色大红，瓤质脆，纤维少；单瓜重 4 ~ 5 千克。中心可溶性固形物含量 10.8%。

13）开优绿宝　开封市农林科学研究院选育，登记编号：GPD 西瓜（2018）411155。全生育期 95 天，果实生育期 28 天。第一雌花位于主蔓第五至第八节，间隔 6 节。田间植株表现为易坐果，单瓜重 5 ~ 7 千克。果实椭圆形，果皮绿色覆绿色网条，果皮硬，耐储运。果肉红色，肉质松脆，无空心，果皮厚 1.25 厘米。

14）菊城绿之美　开封市农林科学研究院选育，登记编号：GPD 西瓜（2018）410182。全生育期 97 天左右，果实生育期 29 天左右。第一雌花位于主蔓第七至第八节，雌花间隔7节。易坐果。纵径24.74厘米，横径17.69厘米，皮厚1.11厘米，果型指数1.39，果实椭圆形。果皮青绿色有细网纹，表面光滑，外形美观，瓤色大红，瓤质脆，纤维少，口感好。中心可溶性固形物含量11.9%，边部可溶性固形物含量8.8%。单瓜重6～7千克，亩产4 000千克左右。

3. 中晚熟西瓜品种

1）玉宝 河南省农业科学院园艺研究所选育，登记编号：GPD甜瓜（2018）410760（图4-8）。全生育期105天，果实生育期32天。第一雌花着生节位7节，雌花间隔7节。植株生长健壮，易坐果。果实椭圆形，纵径25.3厘米，横径17.5厘米，果型指数1.35。果实青皮，果面光滑。最大单瓜重8.4千克，平均单瓜重5.6千克，果皮厚1.2厘米，较耐储运，果肉大红，质脆多汁。

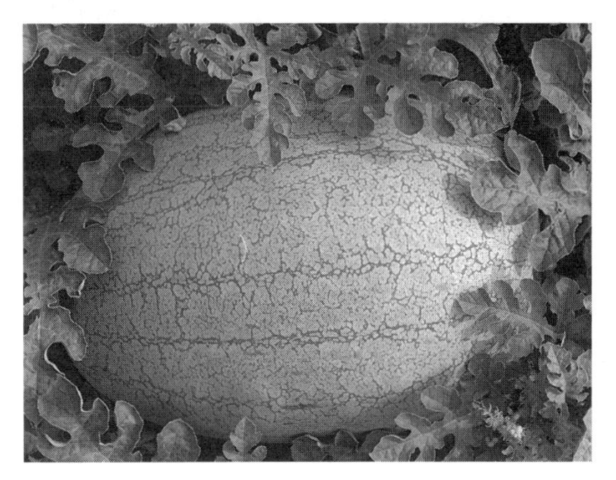

图4-8 玉宝

2）圣达尔 河南省农业科学院园艺研究所选育，登记编号：GPD西瓜（2017）410125。全生育期108天左右，果实生育期33～38天。第一雌花节位第六至第七节，雌花间隔7节。植株分枝性中等偏强。果实椭圆形，果型指数1.3。果皮黑色，果面光滑，皮厚1.3厘米，果皮硬，较耐储运。果肉红，肉质脆沙。中心可溶性固形物含量11.83%。平均单瓜重约6.2千克。

3）凯旋 河南省农业科学院园艺研究所选育，登记编号：GPD西瓜（2017）410124（图4-9）。全生育期105天左右，果实生育期33天左右。第一雌花着生节位8节，雌花间隔6～7节。植株分枝性中等偏强。果实椭圆形，果型指数1.43。果皮浅绿底覆墨绿色条带，果面光滑。单瓜重7.5千克左右。中心可溶性固形物含量12.44%。果皮厚1.1厘米，韧性大，耐储运，果肉大红。

图4-9 凯旋

图 4-10　凯旋 6 号

4）凯旋 2 号　河南省农业科学院园艺研究所选育，登记编号：GPD 西瓜（2018）410761（图 4-10）。全生育期 103 ~ 105 天，果实生育期 31 天。植株长势稳健，分枝性中等；主蔓长 340 厘米，主茎直径 0.8 厘米，第一雌花着生节位第八节，雌花间隔 7 节。果实椭圆形，果型指数 1.35。果皮绿色上覆墨绿锯齿条，表面光滑，皮厚 1.3 厘米，单瓜重 5 ~ 6 千克，瓤色大红，口感好。

5）凯旋 6 号　河南省农业科学院园艺研究所选育，登记号 GPD 西瓜（2018）410839。全生育期 103 ~ 105 天，果实生育期约 32 天。第一雌花着生节位 6 节，雌花间隔 7 节。植株生长健壮，分枝性强，易坐果。果实椭圆形，墨绿色果皮覆黑色条带，果皮厚 1.1 厘米，果皮硬，耐储运。果肉红色，肉质脆。单瓜重 8 ~ 10 千克。

6）花冠　中国农业科学院郑州果树研究所选育，登记编号：GPD 西瓜（2018）410824（图 4-11）。中晚熟品种，全生育期 102 天左右，果实发育期 32 天左右。植株生长势较强，分枝性中等，第一雌花着生节位 8 ~ 10 节，雌花间隔 4 ~ 6 节，果实椭圆形，果型指数 1.38。果皮深绿色上覆锯齿条带，蜡粉少许，果皮厚 1.1 厘米左右，果皮硬，耐储运。果肉红色，纤维少，果肉脆，口感好，中心可溶性固形物含量 11% 左右。单瓜重 6 ~ 8 千克，亩产 4 000 千克左右。

图 4-11　花冠

7）中农天冠　中国农业科学院郑州果树研究所选育。中晚熟品种，植株生长势强，分枝力中等，易坐果，露地栽培全生育期约 105 天，果实生育期约 35 天。叶色浓绿，叶形掌状裂叶，缺刻较深。花单性，第一雌花着生节位 7 ~ 8 节，相邻雌花间隔 5 ~ 6 节。果实椭圆形，果型指数 1.35 ~ 1.40。果皮浅绿色上覆深绿色中锯齿条带，皮厚 1.2 厘米左右。单瓜重 10 ~ 13 千克。果肉大红色，瓤质脆。

8）开抗三号 开封市农林科学研究院选育，登记编号：GPD 西瓜（2018）410181（图 4-12）。全生育期 104 天，果实生育期 32 天。第一雌花位于主蔓第八节，雌花间隔 7 节。植株长势稳健，分枝性强。果实椭圆形，果型指数 1.3。果皮韧，耐储运，果皮灰绿色覆隐锯齿条带，皮厚 1.2 厘米。果肉红色，质脆多汁，中心可溶性固形物含量 11.6%，平均单瓜重 6 千克。

图 4-12 开抗三号

9）开抗久优 开封市农林科学研究院选育，登记编号：GPD 西瓜（2018）410183（图 4-13）。全生育期 100 天左右，果实生育期 32 天。植株长势稳健，分枝性中等。第一雌花位于主蔓第六节，间隔 8 节。果实椭圆形，果型指数 1.30。果皮绿覆墨绿锯齿条，表面光滑，外形美观，皮厚 1.1 厘米。瓤色红，酥脆多汁，纤维少，口感风味好。中心可溶性固形物含量 11.6%。单瓜重 7 ~ 8 千克。

图 4-13 开抗久优

10）菊城龙旋风 开封市农林科学研究院选育，登记编号：GPD 西瓜（2018）410011（图 4-14）。全生育期 100 天，果实生育期 30 天。第一雌花位于主蔓第八节，雌花间隔 7 节；植株长势稳健，分枝性强。果实

图 4-14 菊城龙旋风

椭圆形，果型指数 1.3。果皮韧，耐储运，果皮灰绿色覆隐锯齿条带，皮厚 1.12 厘米。果肉红色，质脆多汁；中心可溶性固形物含量 12.1%，边部可溶性固形物含量 10.1%。单瓜重 7 ~ 8 千克。

4. 薄皮甜瓜品种

1）珍甜 18 河南省农业科学院园艺研究所、开封市农林科学院研究院选育，属薄皮型甜瓜杂交种。全生育期天 86 天左右，果实生育期 22 ~ 25 天。长势强，早熟性好。果实梨形，果皮纯白，果肉白，中心可溶性固形物含量 15.0% 以上。平均单瓜重 0.40 千克。果肉厚 2.1 厘米，果肉脆甜。

2）珍甜 20 河南省农业科学院园艺研究所、开封市农林科学院研究院选育，属薄皮型甜瓜杂交种。全生育期天 90 天左右，果实生育期 25 ~ 28 天。长势强，早熟性好。果实梨形，果皮纯白，完全成熟后有黄晕，果肉白，果肉厚 2.2 厘米，中心可溶性固形物含量 16.0% 以上，果肉脆甜，品质好。平均单瓜重 0.45 千克。

3）翠玉 6 号 河南省农业科学院园艺研究所选育，属薄皮甜瓜杂交种（图 4-15）。早春栽培生育期平均 110 天，露地地爬栽培生育期平均在 70 天，坐瓜后 25 ~ 28 天成熟。植株长势中，叶片深绿，果实梨形，绿皮绿肉，中心可溶性固形物含量 15.0% 以上，果肉酥脆爽口，有清香味。平均单瓜重 0.5 千克。

图 4-15 翠玉 6 号

4）酥蜜 1 号 河南省农业科学院园艺研究所选育，属薄皮甜瓜杂交种。早春栽培生育期平均 105 天，露地地爬栽培生育期 72 天左右，坐瓜后 25 ~ 30 天成熟。植株长势中，叶片深绿，果实长棒形，深绿皮覆白色斑条；中心可溶性固形物含量 15.0% 以上，果肉绿色，肉质酥脆爽口，有清香味，平均单瓜重 0.5 千克，坐果性极好，丰产稳产性好。

5）博洋 61 天津德瑞特种业有限公司选育，登记编号：GPD 甜瓜（2018）

120066。薄皮型。糖度适宜，口感脆酥，风味清香，果肉较厚，果形整齐匀称，丰产稳产性好。中心可溶性固形物含量 13.5% ~ 16%，脆酥，清香。

5. 厚皮甜瓜品种

1）将军玉 河南省农业科学院园艺研究所选育，登记编号：GPD 甜瓜（2018）410208（图 4-16）。全生育期 103 ~ 108 天，植株长势强，易坐果，果实发育期 30 ~ 35 天，果实圆形，外果皮白色，成熟后果面乳白不变色，外观漂亮，不落蒂；果肉白色，种腔小，果肉厚 3.5 ~ 4.5 厘米，中心可溶性固形物含量 16.0% ~ 20.0%，肉质软香可口，品质优良，单瓜重 1.5 ~ 2.5 千克，丰产性好；果实成熟后不落蒂，商品性好，耐储运。

图 4-16　将军玉

2）钱隆蜜 河南省农业科学院园艺研究所选育，登记编号：GPD 甜瓜（2018）410109（图 4-17）。全生育期 105 天左右，果实生育期 28 ~ 32 天。果实短椭圆形，果皮纯白色，果实转色、糖分积累快，外观漂亮；果个儿中等偏小，单瓜重 0.55 ~ 1.65 千克；果肉厚 2.5 ~ 3.2 厘米，果肉白色，中心可溶性固形物含量高，达 16.0% ~ 18.0%，品质优良；果实成熟后不落蒂、不变色，商品性好，耐储运。

图 4-17　钱隆蜜

3）锦绣脆玉 河南省农业科学院园艺研究所、开封市农林科学研究院选育，登记编号：GPD 甜瓜（2019）410044（图 4-18）。果实发育期 28 ~ 33 天，早熟性好；果实椭圆形，果皮纯白色，果面起棱，外观漂亮；果个儿中等，单瓜重 1.45 ~ 1.85 千克；果肉厚 3.5 ~ 3.8 厘米，果肉浅橙色，中心可溶性固形物含量 16.5% 左右，肉质细脆，品质优良；果实成熟后不落蒂，商品性好，耐储运。

图 4-18　锦绣脆玉

4）玉锦脆　河南省农业科学院园艺研究所选育（图 4-19）。全生育期 103 天左右，果实生育期 27 ~ 32 天，早熟性好；果实椭圆形，果皮白色，成熟后果皮外面覆黄色果晕，并随着果实成熟度的增加果晕颜色加重，外观漂亮；果个儿中等，单瓜重 1.1 ~ 1.5 千克；果肉厚 2.8 ~ 3.5 厘米，中心可溶性固形物含量 16.5% 以上，果肉白色，肉质细腻酥脆，口感好；果实成熟后不落蒂，商品性好，耐储运。

图 4-19　玉锦脆

5）玉锦脆 8 号　河南省农业科学院园艺研究所选育。全生育期 104 天左右，果实生育期 28 ~ 32 天，早熟性好；果实椭圆形，果皮白色，成熟后果皮外面覆黄色果晕；果个儿中等，单瓜重 1.2 ~ 1.6 千克；果肉厚 2.7 ~ 3.6 厘米，中心可溶性固形物含量 17.0% 左右，果肉白色，肉质细腻酥脆，口感好；果实成熟后不落蒂，商品性好，耐储运。

6）瑞雪 19　河南省农业科学院园艺研究所选育（图 4-20）。全生育期 104 天左右，果实生育期 30 ~ 35 天；果实椭圆形，果皮白色，外观漂亮；果个儿大，果实膨大速度快，单瓜重 1.0 ~ 2.1 千克，丰产性好；果肉厚 3.3 ~ 4.3 厘米，果肉白色，中心可溶性固形物含量 16.5% 左右，肉质细软，品质优良；果实充分成熟后不落蒂，商品性好，耐储运。

图 4-20　瑞雪 19

7）雪彤 6 号　河南省农业科学院园艺研究所选育，登记编号：GPD 甜瓜（2018）410208。全生育期 105 天左右，果实生育期 28 ~ 34 天；果实高圆形，果皮白色，果面光滑，外观漂亮；果个儿中等，单瓜重 1.50 ~ 1.85 千克；果肉厚 3.4 ~ 3.7 厘米，果肉浅橙色，中心可溶性固形物含量 16.2% 左右，肉质细软，肉质细腻多汁，品质优良；果实成熟后不落蒂，商品性好，耐储运。

图 4-21　雪彤 8 号

8）雪彤 8 号　河南省农业科学院园艺研究所选育，登记编号：GPD 甜瓜（2018）410208（图 4-21）。全生育期 104 天左右，果实发育期 28 ~ 35 天；果实高圆形，果皮白色；果个儿中等，单瓜重 1.60 ~ 1.85 千克；果肉厚 3.4 ~ 3.8 厘米，果肉浅橙色，中心可溶性固形物含量 16.5% 以上，肉质细脆，品质优良；果实成熟后不落蒂，商品性好，耐储运。

图 4-22　金香玉

9）金香玉　开封市农林科学研究院选育，登记编号：GPD 甜瓜（2018）410118（图 4-22）。果实发育期 45 天左右，果实短椭圆形，金黄皮，单果重 1.5 ~ 2

图 4-23　开甜九号

千克，果肉橘红肉，脆甜可口，香味浓郁。肉厚 3 ~ 3.5 厘米，中心可溶性固形物含量 16.5%，边部可溶性固形物含量 12.6%。脆甜可口，香味浓郁。

10）开甜九号　开封市农林科学研究院选育，登记编号：GPD 甜瓜（2018）410119（图 4-23）。果实发育期 45 天左右，果实高圆形，白皮，光皮，单果重 1.5 ~ 2 千克，果肉橘红肉，松脆爽口，肉厚 3 ~ 3.5 厘米，中心可溶性固形物含量 15.8%，边部可溶性固形物含量 12.5%。

11）开甜五号　开封市农林科学研究院选育，登记编号：GPD 甜瓜（2018）410120。果实发育期 45 天左右，果实高圆形，果皮金黄，光皮，单果重 1.5 ~ 2 千克，果肉橘红色，绵软多汁，蜜甜可口。肉厚 3 ~ 3.5 厘米，中心可溶性固形物含量 15.8%，边部可溶性固形物含量 12.6%。

6. 网纹甜瓜

1）众云 18　河南省农业科学院园艺研究所选育（图 4-24）。果实发育期 40 天左右。株型较为紧凑、生长势中等，易坐果。果实椭圆形，果皮浅绿底，表面覆均匀密网纹，外观好。果肉橘红色，果肉厚约 3.6 厘米，果肉质松脆爽口，口感极好，香味浓郁，具哈密瓜风味，果实成熟后不落蒂。一株一果，单果重 2 千克左右；一株双果，单果重 1.2 千克左右。每亩产量 3 500 ~ 4 400 千克。抗白粉病、霜霉病、蔓枯病等病害，抗逆性强，耐储运，货架期长。

图 4-24　众云 18

2）众云 20　河南省农业科学院园艺研究所选育，属网纹甜瓜杂交种（图 4-25）。全生育期 115 ~ 120 天，果实生育期 35 ~ 40 天。株型紧凑，综合抗性好，果实中心可溶性固形物含量16% ~ 20%，易坐果，果实椭圆形，果皮浅绿底，表面覆均匀密网纹。果肉橙红色，肉厚3.6 ~ 4.5厘米，肉质松脆爽口，口感好，香味浓郁。单株单果重1.57 ~ 2千克，单株双果，单果重1.2千克左右，亩产3 500 ~ 4 400千克，综合抗性强，丰产稳产性好，耐储运。

图4-25　众云20

3）众云22　河南省农业科学院园艺研究所选育，属网纹甜瓜杂交种。全生育期112天左右，果实发育期36 ~ 45天，果实圆球形，果皮灰绿色，网纹细密全，肉厚腔小，果肉橙红，果实糖分积累快；果个儿中等偏小，单瓜重0.6 ~ 0.8千克；果肉厚2.5 ~ 3.2厘米，品质优良，果肉脆甜；果实成熟后不落蒂、不变色，商品性好，耐储运。

4）兴隆蜜1号　河南省农业科学院园艺研究所选育，属网纹甜瓜杂交种。全生育期112天左右，果实生育期36 ~ 45天，果实圆球形，果皮墨绿色，网纹细密全，肉厚腔小，果肉绿色，果实糖分积累快；单瓜重1.65 ~ 2千克；果肉厚3.5 ~ 4厘米，品质优良，果肉细软；果实成熟后不落蒂、不变色，商品性好，耐储运。

5）开蜜典雅　开封市农林科学研究院选育，登记编号：GPD甜瓜（2018）410116（图4-26）。果实生育期50天左右。果实椭圆形，黄绿皮，稀网纹，单果质量2 ~ 3千克，果肉橘红，肉厚4 ~ 5厘米，脆甜可口。中心可溶性固形物含量15.8%，边部可溶性固形物含量12.3%。

图4-26　开蜜典雅

6）开蜜秀雅　开封市农林科学

研究院选育，登记编号：GPD 甜瓜（2018）410117（图 4-27）。果实生育期 50 天左右。果实椭圆形，灰白绿皮，稀网纹，单果质量 2 ～ 3 千克，果肉橘红，肉厚 4 ～ 5 厘米，中心可溶性固形物含量 15.6%，边部可溶性固形物含量 11.5%。

7）开蜜优雅 开封市农林科学研究院选育，登记编号：GPD 甜瓜（2018）410115（图 4-28）。果实生育 50 天左右。果皮灰绿，网纹立体感较强，果形高圆，一般单果重 2 ～ 3 千克，脆甜可口肉厚 4 ～ 5 厘米，中心可溶性固形物含量 16.6%，边部可溶性固形物含量 14.6%。

图 4-27 开蜜秀雅

图 4-28 开蜜优雅

（三）培育壮苗

育苗阶段是植株生长发育的基础时期，培育壮苗是形成质量好、数量多的雌花的前提，最终能达到优质丰产的关键。壮苗标准可以有形态、解剖和生理三个层次的标准：壮苗的形态特征是瓜苗生长稳健，茎叶粗壮，下胚轴短粗，子叶平展、肥厚，主茎节间短，叶柄短，叶色浓绿，根系发育适度、表面白嫩；壮苗的解剖特点为组织排列紧凑，有较为发达的机械保护组织；壮苗的生理特征为组织含水量较低，干物质含量较高，细胞液浓度较高。具备上述标准的瓜苗，植株耐旱、耐寒等能力较强，具有较高的生理活性，移栽定植后的缓苗时间短，恢复生长快。培育出生长健壮、发育正常的瓜苗，是育苗的首要任务，因此，应做好以下关键管理措施。

（四）传统育苗

传统育苗是指育苗方式比较简易、科技含量相对较低、长期以来被人们广泛应用的育苗技术；从制钵工序开始一直到钵苗入土，所涉及的各个环节，如从土壤筛选、运输、制钵成型到钵上播种、施肥、浇水到钵苗的搬运以及到移栽机上的分苗等，全部由人工完成。其缺点是劳动强度大，费工费时，效率低下；其优点是取材广泛、成本低、规模小，便于灵活控制。

1. 育苗设施 传统育苗设施根据不同地区气候条件和栽培习惯形成，常见的有阳畦和温床。随着设施栽培规模化的兴起，种植户在塑料大（中）拱棚、日光温室等设施内增加一些加热设备用于提早育苗。设施多用，既提高了利用率，又降低了育苗费用，让温床育苗技术有了新的发展。

1）阳畦 又叫冷床，只靠阳光照射增加热量，没有人工加温，由于保温能力有限，播种不宜过早（图 4-29）。冷床建造简单，通常选择在背风向阳、光线良好的地方，同时具有良好的灌溉条件。

图 4-29 阳畦

2）温床 温床增加了加热设备，通过加温提高苗床温度，减少了对自然条件的过度依赖。北方温床主要有酿热温床、火炕温床和电热温床。酿热温床和火炕温床由于建造取材烦琐、管理费工费时，应用逐渐减少，目前应用较多的是电热温床，即在苗床营养土或营养钵下面铺设电热线，通过电热线散热来提高苗床内的土壤和空气温度。采用电热温床育苗，成本低、床温容易控制、操作简便、出苗整齐。在有电源的地方均可推广，通常采用长120米、功率为1 000瓦的电热线，并与自动控温仪配合使用(图4-30)。

图4-30　铺设电热线

2. 育苗营养土　用于育苗的营养土应能满足甜瓜苗期生长发育对土壤矿质营养、水分和空气的需要，所以，营养土要求肥沃、疏松、透气、不易破碎、保肥保水能力强、无病虫害。营养土一般由肥沃的大田土和腐熟厩肥混合配制而成(图4-31)。良好的营养土的配制原则：土壤质地适中，移栽不散坨；厩肥腐熟完全，化肥使用合理。

图4-31　自制营养土

为避免土壤带菌，尽量避免从近年内种过瓜类作物或菜的地块内取土，宜选用园土、稻田表土等。腐熟厩肥主要有鸡粪、鸭粪、鹅粪、猪粪、牛粪、马粪、羊粪、人粪等。由于肥源不同，营养土的配制有较大差异，通常按照田土 60%、厩肥 40% 来配制，必要时可在营养中加入少量的化肥，以每立方营养土加入复合肥 1.5 ~ 2.5 千克为宜，与土充分混匀，应严格控制用量，防止烧苗。具体的配制比例可根据当地土质、肥源灵活运用。若收集的土壤质地偏黏重，可适当加入少量细沙拌匀，否则黏重的土壤早春升温慢，浇水后土壤易板结，影响根系生长；若收集的土壤质地过于疏松，可适当加入少量黏土拌匀，否则保水性差，起苗时容易散坨伤根，定植后缓苗慢，进而导致病害发生。

3. 育苗容器 为保护幼苗根系，便于移栽操作，生产中一般都用纸钵、塑料钵或营养土块。

1）纸钵 是将废旧报纸裁成 20 厘米 ×14 厘米，用细瓶子作为依托卷成口径 5 厘米左右的有底纸筒（图 4-32）。纸钵内装土时第一次装筒深的 2/5，压实成型，第二次再装满轻压，使钵土上松下实，以保证移栽时营养钵不破碎。应选用强度大的废旧报纸，其次保证折叠质量；注意正确的装土方法；钵间摆紧，缝隙间填满土，移栽前几天停止浇水，使土块稍干而硬结，便于起苗。

图 4-32 纸钵

2）塑料钵 是经工厂专门生产用于育苗的塑料容器，它上口径大，下口径小，上口径 8 ～ 10 厘米，高 10 厘米，底部有渗水小眼（图 4-33）。装土时先装 2/3 左右，捣实，再装满，稍镇压抹平即可。这种上紧下松的装土方法主要是防止底土散落。塑料营养钵装土育苗，使用方便，并可重复利用，成本低，生产上多采用这种方式。

图 4-33 塑料钵

3）营养土块 是将苗床底部整平后，将配制好的营养土填到下挖的育苗床中，厚度为 10 ～ 12 厘米，灌足水。水渗下后再用刀将营养土切成 10 厘米 × 10 厘米的土块，同时向切缝中撒上草木灰（图 4-34）。

图 4-34 营养土块

4. 种子处理 为培育壮苗，建议播种前先做发芽试验，对于发芽率低的种子不能选用，发芽率良好的种子进行晒种、消毒、催芽处理。在晴天晾晒种子 1 ~ 2 天，以利用阳光中的紫外线和较高的温度杀灭种子上的病菌，并增强种子活力，提高发芽率和发芽势。甜瓜种子常带多种病菌和病毒，浸种前进行消毒，可有效预防枯萎病、炭疽病、病毒病和果斑病等病害。

常用的消毒方法有 3 种：①温汤浸种消毒（图 4-35）。在浸种容器内盛入种子体积 6 ~ 10 倍的 55 ~ 60℃温水，将种子倒入容器中并不断搅拌，大约经过 15 分，当水温降至室温时，捞出种子并清洗干净。②干热处理。将干燥的甜瓜种子放在 70℃的干热条件下进行热处理 72 小时，以灭杀种子内部和表面的病菌、病毒。注意，进行热处理的种子要确保干燥，否则会降低种子生活力。③药剂拌种消毒（图 4-36）。用 0.2% ~ 0.3% 的高锰酸钾溶液浸种消毒 20 分后捞出用清水充分洗净，可以灭杀种子表面的病菌；用 10% 的磷酸三钠溶液浸种消毒 20 分后捞出用清水充分洗净，可钝化种子表面的病毒；用 50% 多菌灵可湿性粉剂 500 倍液或 25% 苯来特可湿性粉剂 500 倍液浸种消毒 1 小时后捞出用清水充分洗净，可以防止炭疽病的发生。种子消毒后，立即用清水洗净，然后在清水中浸种 3 ~ 5 小时，使种子在短时间内吸足水分，以保证发芽快速、整齐。浸种时注意时间不可过短或过长，过短则种子吸水不足，发芽较慢，幼苗易“戴帽”出土；过长则种子吸水过多，容易裂嘴，影响正常发芽。

图 4-35　温汤浸种消毒

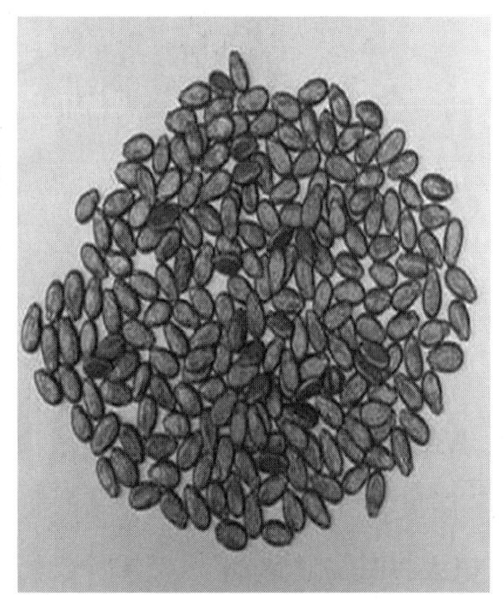

图 4-36　药剂拌种消毒

浸种后将种子包在湿润的毛巾或纱布中，置于 28 ～ 30℃的环境条件下催芽，可以利用体温催芽、电灯泡催芽或专门加温设备，如恒温培养箱和电热毯催芽。催芽时做好 3 点：一是保持 28 ～ 30℃的适宜温度。由于甜瓜种子在 15℃以下和 40℃以上不发芽，低于 25℃时发芽缓慢，且不整齐，也易发生烂种，所以催芽过程中要密切注意温度的变化，并及时调整环境温度。二是保持种子通气。甜瓜种子发芽过程中，种子呼吸作用旺盛，需氧量大，所以催芽过程中要保持通气，不可积水，并翻动种子 2 ～ 3 次，使种子均匀受热。三是及时播种或停止催芽。在 28 ～ 30℃的温度条件下，绝大多数种子催芽 24 小时左右就可出芽，种子催芽的长度以露白为佳，幼芽过长，播种时容易折断，或播种后幼芽顶土能力较弱（图 4-37）。如果出芽不整齐，可将露白的种子挑出先行播种。若天气不宜播种，则要把种子摊开，盖上湿布，放于 10 ～ 15℃的冷凉环境下，以控制幼芽生长。夏季甜瓜种子催芽，则是浸种后将种子包在湿润的毛巾或纱布中，放在室内即可，催芽过程中用清水冲洗 2 ～ 3 次；也可浸种后直接播种。

图 4-37　催芽至露白

4. 苗床管理

1）温度　苗出土前，要求较高的温度（25 ～ 30℃），当 70% ～ 80% 的幼苗出土后，白天将温度降到 20 ～ 25℃，夜间 15℃，因为从幼苗出土至子叶平展，这段时间下胚轴生长最快，是幼苗最易徒长的阶段，所以要特别注意控制温度，防止瓜苗徒长；第一真叶展开后，幼苗就不易徒长了，因此苗床温度应再次提高到 30℃左右，夜间最低气温 15℃，这样既有利于根系的生长，又可以抑制呼吸作用和地上部分的生长，有利于培养壮苗。幼苗两片真叶后，应逐渐降低苗床温度，使苗床内温度逐渐接近外界温度，进行定植前的锻炼。另外，采用昼夜大温差育苗，是培养壮苗的有效措施。北方省区冬季及早春经常出现寒流天气，为防止寒流对幼苗的危害，在遇到寒流时一定要进行加温，并增加覆盖物的厚度。暖风炉更要适当延长燃烧时间，甚至在白天也要点燃。在阴雨天时，苗床的温度可比晴天时低 2 ~ 3℃，应防止因温度高、光线弱引起幼苗徒长。

2）光照 由于冬季和早春太阳光线弱，光照时间短，甜瓜冬春苗床普遍光照不足，致使幼苗茎细叶小，叶片发黄，容易徒长，也容易感病，移栽后缓苗慢，影响产量。为增加棚内光照，白天要及时揭开草苫等覆盖物，让幼苗接受阳光；晚间要适当晚盖草苫等，以延长幼苗见光时间。另外要经常扫除薄膜表面沉积的碎草、泥土、灰尘等，以保持薄膜较高的透光率。在育苗后期温度较高时，可将薄膜揭开，让幼苗接受阳光直射。揭膜应从小到大，当幼苗发生萎蔫、叶片下垂时，要及时盖上薄膜，待生长恢复后再慢慢揭开。连续阴天时，只要棚内温度能达到 10℃以上，仍要坚持揭开草苫，使幼苗接受散射光。长期处于无光条件下的幼苗易黄化或徒长。气温特别低时可边揭边盖。久阴乍晴时，不透明覆盖物应分批揭去，使苗床形成花荫，也可随揭随盖。日光温室加暖风炉育苗时，连阴天后的第一个晴天，可先在幼苗叶片上喷水，再逐渐揭开草苫。

3）肥水 在播种前浇足底水的情况下，出苗前苗床一般不会缺水。但出苗后幼苗生长逐渐加快，需水量大。在电热温床或火道温床上，水分蒸发量大，床土易失水干燥。因此应根据土壤水分情况及时补充水分。苗床上应严格控制浇水。苗床湿度大时，一方面会引起幼苗徒长，易诱发病害；另一方面也会影响根系的正常生长，发生沤根。苗床内湿度较大时，可控制浇水，结合划锄进行散湿提温。浇水时最好浇温水。在瓜苗生长过程中，若发现缺肥现象，可结合浇水进行少量追肥，一般可用 0.1% ~ 0.2% 尿素水浇苗，也可在叶面喷施 0.3% 的尿素。通常情况下，只要育苗营养土是严格按照前文所介绍的方法配制，瓜苗不会发生缺肥现象。幼苗缺肥的原因一般有以下几种：一是“白土”育苗，即由于缺乏充足的可用有机肥，在配制营养土时，主要利用大田土，肥力差，造成幼苗出土后缺肥。二是营养土采用生料配制，即用未腐熟好的过量有机肥，或过量速效化肥，造成幼苗烧根，发生幼苗缺肥现象。三是育苗温床温度过低、湿度过大造成幼苗沤根而发生的幼苗缺肥现象。在育苗中应找准发生缺肥现象的原因，有的放矢，对第一种缺肥现象应采取追肥方式，第二种应结合水洗压肥，第三种应采取提温散湿的方法来处理。在育苗期间，除浇足底水外，一般还需浇水 1 ~ 2 次。

（五）工厂化育苗

以先进的育苗设施和设备装备种苗生产车间，将现代生物技术、环境调控技术、施肥灌溉技术、信息管理技术贯穿种苗生产过程，以现代化、企业化的模式组织种苗生产和经营，从而实现种苗的规模化生产（图 4-38）。与传统育苗相比，工厂化育苗在人工创造的优良环境条件下，采用规范化技术措施以及机械化、自动化手段，稳定地成批生产优质种苗，具有显著的优点：工厂化育苗用种量少，占地面积小；出苗整齐，育苗基质透气性好，幼苗质量优；便于长途运输，可以做到周年连续生产，有利于商品化供应；能够尽可能减少病虫害发生；便于集约化、机械化、标准化管理，提高育苗生产效率，产出比系数提高。工厂化育苗技术的迅速发展，极大地改善了传统育苗存在的风险大、费工费时、能效低等不足。不仅推动了农业生产方式的变革，而且加速了农业产业结构的调整和升级，促进了农业现代化的进程。

图 4-38　工厂化育苗

1. 育苗设施 一般在温室或大棚内进行，并配有加温设备和保温设施。加温设备有电热线、循环热水管；保温设施主要有保温被、多层塑料薄膜。苗床分为移动苗床（图 4-39）和固定苗床（图 4-40）：移动苗床配有排水设施；固定苗床是在温室或大棚内起畦而成，要求苗床平整，覆盖一层地膜后摆放穴盘。育床宽为两张竖放穴盘的长度（如 70 穴的盘），约 110 厘米，床长不超过 30 厘米为宜，主要考虑一般电热线的长度。床中要平整，四周用 15 ~ 16 厘米高的垄子围起来，主要为了保温保湿。在育苗床上铺 1 层 5 厘米厚的锯末或稻草，其上布电热线，线间宽为 8 ~ 10 厘米。

图 4-39 移动苗床

图 4-40 固定苗床

2. 穴盘选择 育苗通常选用 50 孔或 72 孔穴盘。冬季及早春育苗，苗龄较长，一般选择 50 孔，春季或夏季育苗，苗龄短，多选择 72 孔穴盘。

3. 育苗基质 目前甜瓜育苗基质多为草炭配制而成，生产中常采用的基质配方为草炭、珍珠岩、蛭石以 3 ：1 ：1 的比例配制，冬季可以用 2 ：1 ：1 的比例或草炭：蛭石比例为 3 ：1。集约化育苗时必须对育苗基质进行消毒：消毒方法为每立方米加 200 克百菌清，或采用 70% 甲基硫菌灵可湿性粉剂 800 倍液，每立方米喷雾 45 ～ 60 千克。配制基质时每立方米加入优质氮、磷、钾三元素（15-15-15）复合肥 1.5 ～ 2.0 千克。也可以根据生产情况自行配制育苗基质或购买商品基质。育苗基质和穴盘都必须选择消毒。

图 4-41　催芽箱

4. 种子处理 工厂化育苗播种前要对种子进行消毒、浸种、催芽等处理，常用的处理方法有晒种、温汤浸种、药剂处理，浸种或者温汤处理后进行催芽，处理方法与催芽参考传统育苗。生产上一般分批次用催芽箱（图 4-41）催芽，如外界气温较低，各批次应增加间隔时间，以确保生产有序、如期移栽。

5. 装穴盘、播种 基质在填充前要充分润湿，用手握一把基质，没有水分挤出，松开手会成团，但轻轻触碰，基质会散开，一般以含水率 60% 为宜。如果太干，将来浇水后，基质会塌沉，造成透气不良，根系发育差。将播种生产线上的打孔器调整至打孔深度 1.0 厘米左右，或将营养基质装穴盘、刮平，将 4 ～ 5 个穴盘垂直码放起来，最上方放一只空盘，稍稍用力均匀下压，压出孔的深度为 1.0 ～ 1.5 厘米，再将穴盘摆放到育苗畦或者育苗床上（图 4-42）。播种时将种子胚根斜向上，放于穴盘小孔的中心，1 穴 1 粒种子（图 4-43）。播后用潮湿基质进行覆盖，抹平，随即将塑料薄膜盖上，通电升温促出苗（图 4-44）。

图 4-42　装穴盘

图 4-43　播种

图 4-44　覆土与覆膜

6. 苗期管理

1）浇营养液或清水　出苗期至子叶展开前只浇灌清水，采用少量多次的方法，保持育苗基质表面湿润，避免浇透水。子叶展平后即可浇灌营养液，营养液可用 0.2% 尿素和 0.3% 磷酸二氢钾混合液，对于弱苗、小苗着重浇灌。浇灌营养液时必须注意防止育苗容器内积液过多。营养液供给要与供水相结合，浇 1 次或 2 次营养液后浇 1 次清水，可避免基质内盐分积累而抑制幼苗生长。配制的营养液中，含有大量元素和微量元素。为降低成本可用化肥配制营养液，配方如下：每 1 000 千克水中加入尿素 450 克、磷酸二氢钾 500 克、硫酸镁 500 克、硫酸钙

700 克微量元素。营养液 pH6.2 左右。应特别注意配制营养液的总盐分浓度不能超过 0.3%。

2）温度、光照及水分的控制 夏季育苗车间的温度一般控制在 32℃以下，晴天 9 时以后，当温度达到 30℃时，一方面将棚顶部的遮阳网展开，以减弱进入室内的强光；另一方面将温室的四周及顶部的通风窗关闭，开启湿帘降温系统和强制排风系统，对室内进行降温。16 时前后，将遮阳网收起，当外界温度降至棚温时，打开通风窗进行通风。阴雨天不拉遮阳网，只进行强制通风或利用通风窗通风降温即可。冬季应加强温室保温、增温、补光等措施。苗盘播种至出苗基质保持含水率 85% ~ 90%；子叶展开至 2 叶 1 心时，保持基质含水率 65% ~ 80%；3 叶 1 心至成苗，基质含水率降为 60% ~ 65%，防止幼苗徒长。

3）补苗 当苗子 2 片子叶展平至心叶刚露尖时为最佳补苗期。补苗前要浇透水，以提高苗子的活性。补苗时用铁丝将幼苗掘出，再用铁丝压着根插入无苗的穴孔中，用手轻压覆平。补苗后结合补充水分，喷 1 遍高浓度的营养液。

4）移盘 因育苗盘在苗床上所处的位置不同，其接受阳光、通气、水分的状况有所差异，易造成生长不均匀，为保证苗子的整齐一致，在育苗过程中要经常地移动育苗盘在苗床上的位置，一般 5 天左右进行 1 次（图 4-45）。

图 4-45 移盘

7. 出苗 工厂化育苗采用苗盘育苗，营养面积较小，苗子过大容易造成叶片拥挤，见光不良，因此根据预定的供苗时间，必须在短期内栽植。出苗前 1 ~ 2 天先浇水，取苗时将育苗盘轻颠一下，以便基质与穴盘分离，要尽可能地保持根坨的完整性；然后将苗提出，根系和基质相互缠绕在一起，形成塞子状，根系完好无损（图 4-46）。

图 4-46 出苗标准与方式

（六）嫁接育苗

1. 砧木品种 葫芦科作物因土传病害、自毒作用、土壤理化性质的劣变等因素导致的连作障碍日益严重，嫁接换根能够提高植株综合抗性、克服连作障碍、减少土传病害，从而增加产量，作用显著。嫁接砧木品种须亲和性好、抗病性强、生长发育快，对品质无显著影响等特性，西瓜常用的嫁接砧木有南瓜、葫芦和西瓜 3 种；甜瓜嫁接用砧木主要有南瓜、冬瓜、甜瓜 3 种。目前西瓜、甜瓜嫁接多用南瓜砧木（图 4-47）。

图 4-47 南瓜砧木

2. 播种量、播种时期

1）播种量 南瓜、薄皮甜瓜的千粒重分别为 140 ~ 350 克和 9 ~ 20 克，因品种不同而有变化。生产中按照薄皮甜瓜的定植数再加 20% ~ 30% 作为砧木和接穗育苗播种量，接穗多采用撒播方式育苗。接穗平盘育苗（图 4-48）的操作方法：塑料盘底部均匀铺 1 层厚 4 厘米左右的基质，然后将种子均匀撒在基质上，密度以种子不重叠为宜，然后覆盖 1 厘米厚蛭石，覆膜保温，以白天 28℃、夜间 18℃为宜，出土后注意及时“脱帽”。

图 4-48 接穗平盘育苗

2）播种时期 根据幼苗出圃日期确定砧木播种日期，如嫁接苗在 1 ~ 2 月出圃，则提前 45 ~ 50 天播种；如在 3 月出圃，提前 35 天左右播种；4 月出圃，提前 25 天左右播种。采用插接和双断根嫁接时，葫芦砧木应较接穗提前 5 ~ 6 天播种，南瓜砧木应提前 3 ~ 4 天。当外界气温较低时，可增加砧木与接穗播种的间隔时间；采用靠接时，砧木要比接穗晚播 3 ~ 5 天。

3. 嫁接方法 常用嫁接方法有：插接法、靠接法、劈接法、贴接法和双断根嫁接法等。嫁接前应对嫁接工具和嫁接的场所进行消毒。

1）插接法 插接法多应用于西瓜嫁接（图 4-49）。接穗子叶刚展开，砧木真叶露出时为嫁接适期。嫁接前准备一个直径与接穗下胚轴直径相近的竹签。嫁接时，先去除砧木真叶和生长点，将事先准备好的竹签，在砧木除生长点的切口处，45°角斜插 0.5 ~ 1 厘米的小孔。以竹签插入砧木下胚轴表皮而未破为宜，备用。再取接穗，在子叶下方 1.0 厘米左右处削成楔形，长度 0.6 厘米左右。将竹签从砧木上拔出，将接穗的切面向下插入竹签的插口内，深度以插口吻合并插紧为宜，砧木子叶方向要与接穗的子叶方向垂直，呈“十”字形交叉。插接方法简单，只要砧木苗下胚轴粗壮，接穗插入较深，成活率就高，是目前生产上用得较多的一种嫁接方法。

图 4-49　插接法嫁接

2）靠接法　靠接法多应用于西瓜嫁接（图 4-50）。采用此种嫁接方法要求接穗苗和砧木苗大小相近，以接穗苗第一片真叶展开，砧木苗子叶完全展开为嫁接适期。嫁接时，先用刀片去除砧木苗的生长点，再用刀片在砧木苗子叶下方 0.5 ~ 1.0 厘米处，以 45° 角方向向下斜切，切至下胚轴的直径的 1/2 左右处，切口深度约 0.5 厘米，备用。再取接穗，用刀片在接穗苗子叶下方 1.0 ~ 1.5 厘米处，以 40° 角向上斜切，切至下胚轴的直径的 1/2 ~ 2/3，切口深度约 0.5 厘米。以嫁接后接穗子叶略高于砧木子叶为标准。后将接穗和砧木苗略微倾斜，将切口相互嵌入，达完全吻合，并呈“十”字交叉状。再用嫁接夹固定接口部位。后装入营养钵中，移栽时将接穗苗和砧木苗的根部分开约 1.0 厘米的距离，并保证接口与土壤表面离开约 2 厘米的距离。靠接法接口愈合好，成苗长势旺，管理方便，成活率高，但操作麻烦。

图 4-50　靠接法嫁接

3）劈接法　劈接法多应用于西瓜嫁接。接穗子叶展平，第一片真叶刚刚露出，砧木真叶已明显露出时为嫁接适期。嫁接时，先将砧木生长点去除，用刀片从子叶中间一侧向下劈开长度约 0.8 厘米的接口，备用。注意切不可将整个茎劈开。然后，取接穗，在接穗子叶下方 2 厘米左右处，削成 0.7 ～ 0.8 厘米的楔形接口。将接穗对准接口插入到砧木中，并用嫁接夹固定好即可。劈接法对操作技术、嫁接后管理要求较高，且费工费时，较少采用。

4）贴接法　西瓜、甜瓜嫁接均适用。西瓜嫁接先将砧木的生长点和 1 片子叶去掉，在砧木顶端形成一个斜面，备用。取接穗，用刀片在接穗子叶下约 1 厘米处，由上向下同方向削掉西瓜的部分下胚轴及根部形成一个斜面。然后将砧木和接穗的斜面接口对齐贴好，并用嫁接夹固定好。

5）双断根嫁接　西瓜、甜瓜嫁接均适用（图 4-51）。当砧木长到 1 叶 1 心，接穗子叶、真叶露心时为嫁接适期。嫁接当天提前抹去砧木的基部生长点，并从其子叶下 5 ～ 6 厘米处平切断，切下后的砧木要保湿，并尽快进行嫁接，防止萎蔫。然后用竹签在砧木切口上方处顺子叶连线方向呈 45° 角斜戳约 0.5 厘米深，直到将下胚轴戳通少许为止；在接穗苗子叶基部 0.5 厘米处斜削一刀，切面长 0.5 ~ 0.8 厘米；取出接穗苗，下胚轴留 1.5 ~ 2.0 厘米，用刀片斜削一刀，迅速拔出砧木中的竹签，将削成斜面的接穗下胚轴准确地按竹签插入方向斜插入砧木中。使之与砧木切口刚好吻合，并使接穗子叶与砧木子叶成“十”字形交叉。嫁接后要立即将嫁接苗保湿，尽快回栽到准备好的穴盘中。插入基质的深度为 2 厘米左右，回栽后适当按压基质，使嫁接苗与基质接触紧密，防止倒伏，并有利于生根。

图 4-51　双断根嫁接

4. 嫁接后苗床管理

1)温度　嫁接后的温度管理可以分为 5 个阶段：第一阶段为愈合期，3 天左右，温度白天控制在 28 ~ 30℃，夜温控制在 20 ~ 25℃；第二阶段为成活期，4 ~ 6 天，白天温度控制在 26 ~ 28℃，夜间 18 ~ 25℃；第三阶段为适应期，7 ~ 10 天，白天温度保持在 22 ~ 25℃，夜间 15 ~ 20℃；第四阶段为生长期，10 ~ 14 天，白天温度保持在 20 ~ 25℃，晚上 15 ~ 16℃；第五阶段为炼苗期，出苗前 5 ~ 7 天，温度继续降低，白天温度保持在 20℃左右，夜间 10℃左右，逐步达到定植后的环境温度。

2）光照　嫁接后前3天，应当避免阳光直射，可透过散射光以防砧木黄化；从第四天开始早晚见光半个小时，先是散射光、侧面光，逐渐增加见光量，以后逐渐延长时间，晴天中午强光下仍需遮光；7 ~ 10天当嫁接苗成活后开始通风换气，待接穗第二片真叶长出，可撤掉遮盖物，使嫁接苗适应正常的苗床环境。但要时刻注意天气变化，特别是多云转晴天气，转晴后接穗易萎蔫，一定要及时遮阴，经过见光—遮阴—见光的炼苗过程。

3）肥水　湿度管理总的原则是“干不萎蔫，湿不积水”，即湿度应控制在接穗子叶不萎蔫，生长点不积水的范围内。晴天应以保湿为主，阴天宁干勿湿；嫁接后3天内，要求苗床湿度比较大，空气相对湿度在90% ~ 100%；嫁接3天后开始通风，以叶片不萎蔫为宜，嫁接苗完成成活后，空气相对湿度一般控制在70%左右，要加强通风，避免苗床湿度过大，嫁接苗床的空气相对湿度低，接穗易失水萎蔫，影响嫁接成活率。但穴盘内基质湿度不要过高，以免烂苗或引起病害的发生。如果发现瓜苗叶色浅，长势不壮实，可以结合防病喷施0.3%的尿素或0.2% ~ 0.5%的氮磷钾三元复合肥。成苗期应减少施肥，可以增施硝酸钙健壮瓜苗。薄皮甜瓜嫁接苗在适宜的温度、湿度、光照条件下，一般经过8 ~ 12天嫁接口就会完全愈合，嫁接苗开始生长。在嫁接后第七天，应及时除去砧木生长点处的不定芽或者叶片，以免消耗养分，影响接穗的生长，使瓜苗生长一致，提高商品苗率。

（七）常见问题及预防措施

瓜类育苗技术性很强，如果关键技术掌握不当，往往会出现播后不出苗、出苗不整齐、“戴帽”出土、秧苗徒长、秧苗冻害、老化苗、沤根和烧根等问题，影响定植后的生长发育，在早熟性和丰产性上表现明显差异。

1. 播后不出苗

1）原因　播后不出苗（图4-52）主要是种子发芽率低和苗床环境不适宜造成的，其中，种子发芽率低是造成不出苗的根本原因；苗床环境不适宜，如苗床的温度、水分、通气等达不到种子发芽出苗的要求。床土过干，种子得不到足够水分，使种子不发芽或发芽中途停止；苗床水分过多，氧气不足，造成种子腐烂等是外因条件。另外，苗床带有病原菌，催芽播种后在苗床内感染了病菌而发病死亡。

图 4-52　播后不出苗

2）**预防措施**　育苗前要精选种子，选粒大饱满种子播种，必要时做发芽试验，测定其发芽率和发芽势；做好种子消毒处理，消灭种子表面的病原菌和虫卵；播种前对苗床或营养钵浇足透水，保证满足种子发芽和幼苗期生长对水分的需要。

2. 出苗不整齐

1）**原因**　出苗不整齐（图 4-53）是由于播种的种子成熟度不一致，新陈种子混杂播种，种子催芽过程中缺乏均匀翻动而造成发芽程度的差异；播种时不均匀导致出苗不整齐；床内的温度、湿度、光照等不一致导致出苗不整齐；播种后的覆土不匀，也会造成出苗的差异，覆土过厚的地方水分足、土温低、透气差，对出苗不利。此外，地下害虫的危害，如蝼蛄、蚯蚓等将刚发芽的种子或刚出土的幼苗危害，造成出苗不整齐。

2）**预防措施**　播种种子成熟度要一致，不能将新陈种子混杂播种育苗；催芽过程中，要经常翻动种子，使种子得到充分氧气并均匀受热，发芽整齐一致；苗床土要耙平整细，使苗床内各部位的温度、湿度和空气状况一致；撒播要求播种均匀，防止碰断催芽种子的胚根；覆土厚度视种子大小而异，一般为种子厚度的 1 ～ 2 倍，太厚对种子出苗不利，太薄种子容易失去水分。

图 4-53　出苗不整齐

3.“戴帽”出土

1）原因　主要是播种前苗床未能浇透底水，床土过分干燥，或播种后覆土不匀，造成育苗时常发生幼苗出土后种皮不脱落，夹住子叶，俗称“戴帽”，由于子叶种皮夹住不能张开，妨碍了幼苗的光合作用，致使其营养不良，生长缓慢（图 4-54）。

图 4-54　“戴帽”出土

2）预防措施 播种前一天将苗床的底水浇足，播种时使床土不会太湿而保持湿润。浇足底水能保证幼苗出土和苗期生长的所需水分，湿润的床土使种皮柔软，幼苗出土时种皮容易脱落；种子播入苗床，覆土后撒上一些碎稻草并加盖塑料薄膜，以减少床土水分蒸发和稳定床土温度；出现“戴帽”出土现象，及时喷洒细水，或薄薄撒一层潮湿的细土，能使种皮软化，容易脱落。

4. 秧苗徒长 徒长苗是指茎秆细长、节间过长、叶薄色淡、组织柔嫩、根须稀少的细弱秧苗（图 4-55）。

图 4-55 徒长苗

1）原因 在出苗到子叶展开期出现徒长，主要是播种过密，出苗后又未及时揭去覆盖薄膜造成的；出苗后，幼苗的胚轴过度伸长出现徒长苗，是没有及时降低苗床温度造成的；子叶展开到 2 ～ 3 叶期，秧苗过分拥挤造成徒长，是由于未及时间苗或假植造成的。此外，秧苗在定植前的 15 ～ 20 天这个时期也很容易徒长。因为这时外界气温转暖，秧苗生长速度快，叶片互相遮阴，如果温湿度控制不好，氮肥偏多，就容易徒长。

2）预防措施 合理的播种密度，使秧苗有一定的营养面积；及时间苗和定植；加强通风透光，降低苗床温湿度，进行低温炼苗；苗床内严格控制水分和氮肥的施用；及时排稀秧苗，使秧苗个体有合理的空间和营养面积；秧苗一旦发现徒长可用生长抑制剂控制秧苗徒长，如 50%矮壮素 2 000 ～ 3 000 倍液喷洒秧苗或浇在床土上，每平方米苗床喷洒 1 千克药液，10 天后就能见效，但应严格控制药液的用量。

5. 老化苗

1）原因 主要是床土过干和床温过低。有的菜农怕秧苗徒长，过严地长期控制水分；塑料营养钵育苗，钵与地下水隔断，浇水不及时等。老化苗表现为生长缓慢、苗体小、根系老化发锈、不长新根、茎矮化、节间缩短、叶片小而厚、叶色暗绿、秧苗脆硬而无弹性等现象（图 4-56）。

图 4-56 老化苗

2）预防措施 应保证苗床既有适当土温又有一定水分，使秧苗正常生长；定植前的秧苗低温锻炼不能缺水，严重缺水时必须喷洒小水，如发现萎蔫秧苗，可在晴天中午局部浇水；发现秧苗老化，除注意温、水的正常管理外，可用 10 ~ 30 毫克 / 千克的“九二〇”（有效成分是赤霉素）喷洒，1 周后秧苗就会逐渐恢复正常生长。

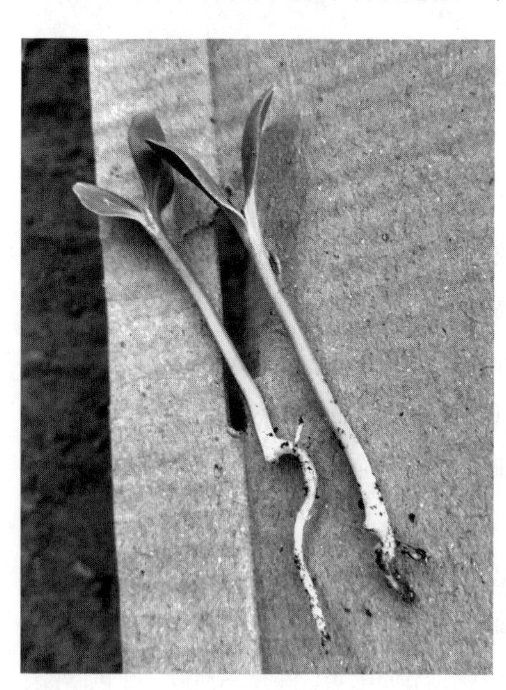

图 4-57 沤根

6. 沤根

1）原因 光照严重不足，床土温度过低，湿度过大。床土配制不好，黏土太多。透水、透气性差。底水过多遇上连阴天，或者连阴天前浇大水，也容易引起沤根（图 4-57）。

2）预防措施 选择透气性强的土壤做苗床；控制好苗床温湿度，采用地热线育苗，使苗床温度白天保持在 20 ~ 25 ℃，夜间 15 ℃；控制浇水，防止大水灌溉，尤其连续阴天切勿浇大水。

7. 烧根

1）原因 由于施肥过多，土壤干燥造成。床土中施入未充分腐熟的有机肥，当粪肥发酵时更容易烧根（图 4-58）。

图 4-58 烧根

2）预防措施 施肥要合理，撒施要均匀；有机肥要腐熟，施肥时注意不要离根部太近，要严格控制苗床施肥量，施肥后浇水。

（八）灾害性天气管理

1. 阴冷天气 冬春季节常有连续阴天的寒冷天气，采用阳畦育苗，遇到这类天气，若以为天冷、无阳光，而连续几天不揭覆盖物，一旦天晴再突然揭开，常常发生严重倒苗。另外，苗床内施有大量有机肥料，分解中会产生一些有害气体，秧苗呼吸也会产生较多的二氧化碳，几天不揭苫、不透气，会因有害气体积累过多，而使秧苗的呼吸作用受到抑制引起中毒。当遇到连续阴冷天气时，在苗床管理上，草苫等覆盖物应适当晚揭早盖，以利保温，使秧苗增加散射光。揭苫后，如果畦温不下降，就不要急于盖苫；揭苫后，若畦温上升，可在 15 时前后盖苫；揭苫后，若畦温下降，可随揭随盖，或趁午间气温较高时，揭苫后略待一会儿再盖。另外，遇连续阴冷天气，可以不通风。

2. 雨、雪天气 白天开始下雪时，要立即覆盖草苫，停雪后立即扫雪。如果夜间降雪，翌日雪停后马上扫雪，并及时揭开草苫等覆盖物。遇到连续阴雪天，不管雪停与否，都要及时扫雪，并趁午间雪暂停时揭苫，或随揭随盖，切不可数日不揭苫。连续阴雪天骤然转晴时，揭苫后要注意观察苗情变化，若发现秧苗有萎蔫现象时，要立即覆盖草苫，等秧苗恢复正常后再揭开，萎蔫时再盖上，恢复后再揭开。经如此揭盖管理，2 ~ 3 天转为正常揭盖。所以，在遇此种情况时，若不采取盖苫遮阴措施，极易造成倒苗。

3. 大风天气 遇到大风天气时，白天要注意把塑料薄膜固定好，不要被风吹跑。傍晚盖苫时，要注意顺风向压盖草苫，必要时加盖一层草苫并将四周压好，防止夜间大风吹跑覆盖物，使苗受冻。北风天气时，因有风障能阻挡风寒，如果天气晴朗，仍应适当通风，避免畦温过高。

4. 久阴骤晴天气 连续阴天会导致幼苗生长不良，抗性下降，如突然转晴，则会使苗床内温度急剧上升，幼苗易迅速失水而出现萎蔫，停止生长，严重的会干枯死亡，因此，久阴骤晴时，不能一下揭开草帘，而应使苗床温度缓慢上升，一旦幼苗恢复正常后再揭开，必要时可喷 1 次 20℃左右的温水。在没有覆盖物的苗床，久阴骤晴时，应适当通风，防止棚内气温急剧上升。

图 4-59 补光灯补光

5. 大雾天气 雾天空气湿度大，光照差，瓜苗叶片易积水，导致猝倒病、炭疽病等病害发生，因此，要用不透明覆盖物封严苗床，大雾散后及时揭开，或增设补光灯补光（图 4-59），让苗床接受光照和及时通风降湿，同时喷施药剂以防炭疽病和猝倒病的发生。

6. 高温天气 提倡采用遮阳网覆盖大棚顶部降低棚内温度，减少高温影响，在出苗前，需要全日遮阳降温，减少水分蒸发，促进出苗成苗，出苗后逐步揭掉遮阳网。苗床地应尽量保持土壤湿润状态，连续高温干旱天气除每天早晚浇水外，可间隔 3 ~ 5 天于傍晚浇灌一次跑马水，保证苗床土壤湿润，满足秧苗对水分的要求。有条件的可采用微喷灌、湿帘、棚外喷灌等措施进行降温，改善秧苗生长环境。应用遮阳网降温育苗的，在定植前一周要揭去遮阳网进行渐进高温炼苗，提高瓜苗的适应能力。

五、水肥一体化、机械化及信息化应用技术

（一）水肥一体化技术

水肥一体化技术是当今世界公认的一项高效节水节肥农业新技术，主要根据土壤特性和作物生长规律，利用灌溉设备同时把水分和养分均匀、准确、定时、定量地供应给作物，是“控水减肥”的一种重要途径。其原理是按照作物的需水要求，通过低压管道系统与安装的施肥罐，将水与肥料完全溶解，以较小的流量均匀、准确地直接输送到作物根部附近的土壤中。灌溉过程中将含有养分的水直接滴在作物根际周围，肥、水可均匀地浸润地表25厘米左右或更深，既可保证西瓜、甜瓜对养分的吸收，又可保持整个土层养分水平不过量，减少了肥料用量和土壤对养分的吸附、固定，有利于提高水分、肥料利用效率。传统水肥一体化技术是将可溶肥料溶解到水里，棍棒或机械搅拌，通过田间放水灌溉或田间管道，更进一步的还通过滴灌或微喷灌等装置均匀地进入田间土壤中，被作物吸收利用的技术。现代水肥一体化技术则是通过实时自动采集作物生长环境参数和作物生育信息参数，通过模型构建耦合作物与环境信息，智能决策作物的水肥需求，通过配套施肥系统，实现水肥一体精准施入，大大提高灌水和肥料的利用效率。

1. 水肥一体化技术优势 可根据作物不同生育期的需肥特点和土壤特点，科学合理施肥，为发展精准农业提供了有效可行的手段；施肥均匀、省肥，提高肥料利用率20%以上；省水，西瓜、甜瓜全生育期采用微灌技术同比传统灌溉方式可节水40%以上；采用微喷的地块不板结，有利于作物根系的生长、降低土壤无效蒸发；可省去田间垄沟、畦背，对田间平整度要求也不高，节省土地，提高土地利用率10%左右；节能省电，可节省电力30%左右；省人工，节约田间用工成本50%；

解决坐果期漫灌浇水不均，坐果不一致的问题。

2. 水肥一体化的主要类型

1）根据设备肥料通道来分类 分为单通道和多通道。

（1）单通道水肥一体化设备 该种设备主要是针对作物需肥简单，用于单一肥料来源设计开发的小型自动或智能灌溉施肥机，只有一个吸肥通道，结构紧凑、便于拆卸、操作简便、价格低廉、故障率低，可满足单体温室或大田作物的应用，农户易掌握，推广面积大（图 5-1）。

图 5-1 单通道水肥一体化设备

（2）多通道水肥一体化设备 该种设备针对作物在不同生育期需肥不同，能够及时调整肥料成分而开发的大中型灌溉施肥机（图 5-2）。由多个吸肥通道，可设定配比比例，启动程序和系统自动配比。肥料来源都是可溶解的，各组分配制溶解液储存在储液桶，通过管道连接对应吸肥通道，进入灌溉施肥机配肥，随水进入到田间。这种设备需要专业技术人员操作，根据不同的控制策略自动或智能运行。

图 5-2　多通道水肥一体化设备

2）根据回液是否处理来分类

（1）开放式水肥一体化设备　该种设备是针对溶解肥料或营养液不回收的水肥一体化系统开发的灌溉施肥机（图 5-3）。多用于土壤栽培或不做回收系统的基质栽培，无回收系统和过滤消毒净化系统。

图 5-3　开放式水肥一体化设备

（2）封闭式水肥一体化设备　该种设备是针对溶解肥料或营养液可回收的水肥一体化系统开发的灌溉施肥机（图 5-4）。多用于水培、雾培或有回收系统的基质栽培，需要做回收系统和过滤消毒净化系统。过滤消毒净化系统由慢砂过滤、紫外消毒、臭氧消毒、加热消毒等功能选配组成，水肥利用率高，是一种可以实现零排放的水肥一体化系统。

图 5-4　封闭式水肥一体化设备

3）根据肥料和水源的配比方式来分类

（1）机械注入式　该方法是指在灌溉时，采用人工、泵、压差式施肥罐或文丘里吸肥等装置将肥料倒入或注入直接灌溉田间的小水渠或水管中，随灌溉水使用肥料的一种措施（图 5-5）。

图 5-5　机械注入式肥水一体化设备

（2）自动配肥式　该方法是指在灌溉配肥时，根据作物的灌溉施肥指标或阈值，设定肥料配比程序，通过文丘里或施肥泵，采用工业化控制程序，控制电磁阀，实现肥料的自动配比，是目前常用的自动化配比方式（图 5-6）。

图 5-6　自动配肥机

（3）智能配肥式　这种方法是根据作物生育期不同的施肥需水特征，耦合生产区环境因素构建智能决策模型，经过电脑运行计算，智能判断控制系统执行水肥一体化设备完成灌溉施肥（图 5-7）。近年来，采用养分原位监测技术采集到的作物土壤的养分、水分信息，对决策模型的参数进行适时修正已经成为重要的研究方向，也是将来水肥一体化设备智能化程度的重要评判依据和未来水肥一体化应用的重要方向。

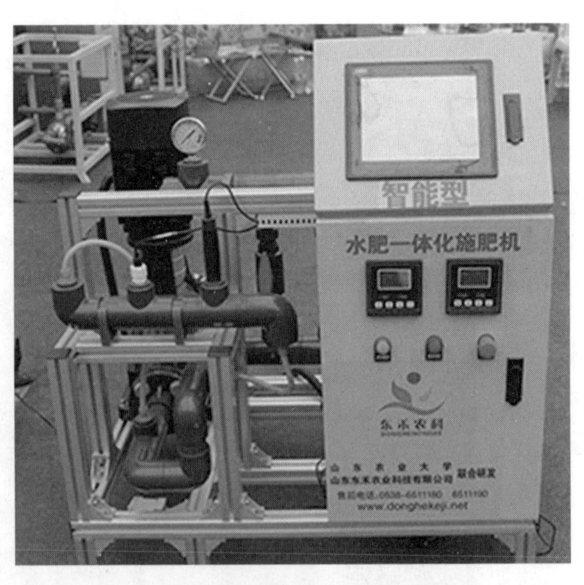

图 5-7　智能肥水一体化施肥机

4）根据灌溉施肥的运行方式来分类

（1）固定式施肥机　将灌溉施肥机安装在固定的地点，专门建造设备房，配套安装砂石过滤、反冲洗过滤系统，对水质要求高的还可以安装净化水装置，通过管道网进入田间。

（2）移动式施肥机　将灌溉施肥机安装在大型移动喷灌机上，随着喷灌机的移动进行灌溉施肥。也有将灌溉施肥机安装在卡车上，分片区操作，可减少管道的铺设或减少安装施肥机的数量。该施肥机适合于面积较大的种植作物，一次性可灌溉面积更大，工效更高，可利用的范围更广，实用性更强，具有节约成本的特点，更适合于规模化种植基地。

5）根据肥料形式来分类

（1）无机肥水肥一体化系统　该种设备是针对化学合成方法生产的单一型或复合型水溶性肥料的施用设计开发的水肥一体化系统，用于土壤栽培和无土栽培的非有机生产（图 5-8）。该系统可配备单一吸肥通道或多个吸肥通道，分别用于复合型无机肥施用，及氮、磷、钾等多种单一型无机肥源的配比混合施用。这种设备有利于提高劳动效率，实现水肥自动化、智能化管理，已在生产中推广应用。

图 5-8　无机肥水肥一体化系统

（2）有机肥水肥一体化系统　该种设备是针对液态有机肥源的制备和施用设计开发的，它由有机液肥发酵子系统和有机灌溉液肥管理子系统两部分组成，与微灌灌溉系统结合，在有机农业生产的水肥管理中应用（图 5-9）。有机液肥发酵子系统主要包括发酵罐体、循环系统、供氧系统和多级过滤系统等，用于制备有机液肥；有机灌溉液肥管理子系统包括有机灌溉液浓度控制系统和灌溉管理系统，根据灌溉策略可实现有机生产的水肥一体化、精细化和自动化管理。

图 5-9　有机肥水肥一体化系统

6）根据管理规模来分类

（1）小规模水肥一体化管理系统　这种设备主要是针对单体温室或小面积的作物生产而开发的小规模灌溉施肥管理系统，作物种类单一，需肥简单，可以通过吸肥泵或文丘里自动吸取生产人员在作物不同生育阶段准备的水溶肥料，在自动控制模式下根据作物生长阶段、光照强度和土壤条件等实现实时、适量、自动、智能灌溉施肥（图 5-10）。

图 5-10　小规模水肥一体化管理系统

（2）大规模水肥一体化管理系统　该种设备主要是针对大面积的多种作物生产而开发的大规模灌溉施肥智能管理系统，多用于农业园区和生产基地的水肥管理，需要做配肥站、储肥罐和多个分区监测站（图 5-11）。可设定作物种类、启动程序自动实现不同作物的肥料配比、溶解、混匀和输送等。基于不同作物生长规律和环境条件融合的灌溉施肥决策模型，实现整个农业园区或生产基地水肥综合管理。

图 5-11　大规模水肥一体化管理系统设备

3. 水肥一体化常用肥料

1）固体冲施肥料　大量元素肥料有尿素、水溶性复合肥、高钾壮果型复合肥等，常用的中量元素肥料有硝酸钙、硼酸、硫酸锌、硫酸锰、硫酸镁、螯合铁、硫酸亚铁、钼酸钙、硫酸铜等。补充微量元素肥料，一般不与磷素追肥同时使用，以免形成不溶性磷酸盐沉淀，堵塞滴头。对于混合后会产生沉淀的肥料应采用分别单独注入的办法来解决，防止混后沉淀引起养分损失或堵塞管道，施用氮素考虑调配氨态氮和硝态氮的比例，最好做到现用现配。

2）液体冲施肥料　该肥料是一种可以完全溶于水的扩散式超渗透肥料，它能迅速地溶解于水中，快速被作物吸收，可以应用于喷滴灌，灌根等设施农业，实现水肥一体化。当前市场大体有氨基酸、腐殖酸、微量元素、中量元素、大量元素及有机水溶肥 6 种液体肥料。该肥料无须烘干造粒，对原材料的要求也低，生产单位重量的液体肥料成本要比固体肥小；溶解和混合过程，不存在粉尘、烟雾、废水、废渣的排放问题；悬浮肥料搅拌成悬浮状态时，它的成分也具有高度的均匀一致性；由于液体肥料质量的高度均一，质量检测简单易行；方便加入原药、植物生长调节物质、稀土元素或微生物，容易开发多功能肥料；不存在固体肥料的吸潮结块问题，容易添加一些易潮解的物料。

4. 水肥一体化技术操作要点

1）施肥与整地 定植前 10 ~ 15 天，浇水造墒，每亩（667 米^2）施用腐熟的圈肥 5 米^3，深翻耙细，整平，起垄，垄宽 60 厘米，垄高 15 ~ 25 厘米，于垄底撒施氮磷钾三元复合肥 60 千克，或磷酸二铵 40 千克、硫酸钾 20 千克（图 5-12）。

图 5-12 施肥与整地

2）铺设滴灌带 整地后，将主管带横贯于地头或瓜田中间位置，滴管带纵贯于瓜田种植行间，主管带与滴灌带间安装控制阀，为保证供水充足，可在瓜行两侧各铺设一条滴灌带，滴灌带的长度应控制在 50 ~ 60 米（图 5-13）。

图 5-13 田间铺设滴灌带

3）覆膜定植 滴灌带铺好后在垄上覆黑色地膜，定植前根据密度要求，用打孔器在靠近滴灌带处打孔（图 5-14）。定植后浇一次透水，必要时，可移动滴灌管，以保证每株瓜苗都能浇上水。

图 5-14 覆膜打孔

5. 水肥一体化方案

1）肥料种类与配制 追施的肥料必须是全溶性的，不能有分层和沉淀。一般选用尿素、硫酸钾等提供大量元素，选择水溶性多效硅肥、硼砂、硫酸锰、硫酸锌等提供中、微量元素。其中，微量元素也可直接用营养型叶面肥或水溶性较强的西瓜、甜瓜专用肥。

2）追肥时期与用量 一般来说，西瓜缓苗后浇一次缓苗水，每亩（667 米^2）随水追施尿素 10 ~ 15 千克；在幼果鸡蛋大小追施果实膨大肥，每亩随水追施尿素 5 ~ 10 千克、硫酸钾 5 ~ 10 千克；结瓜中后期，每亩随水追施硫酸钾 5 ~ 10 千克。

3）追肥方法 供水可采用动力泵或压力灌加压，肥料可定量投放到蓄水池，溶解后随水直接入田；也可制成母液装入到施肥器，利用施肥器吸管开关控制肥液的流量，也可通过机动喷雾器控制流量，肥料输送到供水系统中随水入田。追肥时先用清水滴灌 20 分左右，再滴灌肥水；施肥结束后再用清水滴灌 20 分左右，冲洗滴管带。

（二）机械化应用技术

西瓜、甜瓜产业作为劳动密集型产业，一直以来存在生产用工多、劳动强度大、机械化程度低等问题。尽管 2018 年我国农作物耕种收综合机械化率已超过 67%，主要粮食作物更是达到 80%，但是西瓜、甜瓜的耕种收综合机械化率仍然处于较低水平，仅为 20%～30%。目前，我国西瓜、甜瓜耕、种、管、收等各环节都出现了机械化设备，已逐步在西瓜、甜瓜产区推广应用，可有效缓解“用工难”“用工贵”问题，促进西瓜、甜瓜产业的可持续发展。

1. 机械化育苗设备

1）基质装盘机 基质的装盘质量直接影响到秧苗的出苗率，由于基质的物理特性和装盘环境，易出现装不满、装不实，造成秧苗出苗率低等问题。基质装盘机按功能可分为 2 种。

（1）半自动基质填装机 基质箱位于机器顶部的装盘机，输送装置依靠主体机架上的链轮及机架上定位装置带动穴盘向前移动，当穴盘移动到基质箱底部时，基质箱底部的皮带转动，使基质落入空穴盘中（图 5-15）。此基质装盘机可大幅降低劳动强度，提高生产效率，但装盘方式过于粗放，多余基质需随运输链轮落入基质回收箱，待收集到一定量，倒入进料箱中。

图 5-15 半自动基质填装机

（2）全自动基质填装机 包括进料仓、水平输料系统、斜输料系统、基质刷平系统和苗盘工作台（图 5-16）。基质通过水平输料系统被运输到斜输料位置，经料斗向上运输，落于苗盘工作台的空穴盘上，放置苗盘的链轮向前移动至基质刷平系统，刷板与穴盘上基质接触，刷平，多余基

图 5-16　全自动基质填装机

质回到进料仓，完成基质装盘作业。其优点：投料仓与回料仓合用，进料仓体积大，减少投料次数，降低劳动强度，提高工作效率。

2）穴盘育苗播种机　穴盘育苗播种机流水线一般由覆土装置、刮平装置、打穴装置、播种装置和喷水装置组成，这些装置一般整合成覆土工作台、播种工作台和喷水工作台，而这些工作台既可以合在一起组成完整的穴盘育苗流水线，又可以分开单独完成相应工作（图 5-17）。其中覆土工作台完成铺土、刮平机质土或铺撒珍珠盐、刮平珍珠岩等工作，播种工作台完成打穴和排种等工作，喷水工作台主要完成喷洒雾化水等工作，部分流水线还可能包括穴盘码放整理工作台等。

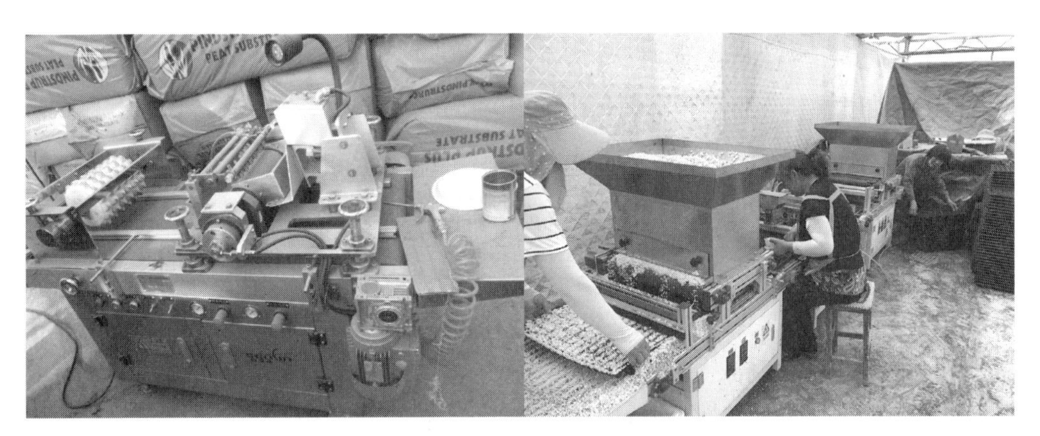

图 5-17　穴盘育苗播种机

3）育苗自动嫁接机 西瓜、甜瓜育苗自动嫁接机采用计算机控制，在嫁接时，操作者只需把砧木和穗木放到相应的供苗台上即可，其他嫁接作业，如砧木生长点切除，穗木切苗，砧木穗木的接合、固定、排苗均由育苗自动嫁接机完成（图 5-18）。适用于黄瓜、西瓜和甜瓜等瓜菜苗的自动化嫁接工作。该仪器解决了西瓜幼苗的柔嫩性、易损性和生长的不一致性等难题，形成了具有自主知识产权的自动嫁接机器人系统，实现了西瓜嫁接苗的搬送、切除、接合、固定、排苗等作业过程的自动化。该仪器每小时可嫁接 800 株，相较于人工操作成倍提高了劳动生产率，此外，机械化嫁接育苗，培育出的幼苗整齐度高，可以实现标准化作业，成活率也可达到 99% 以上。

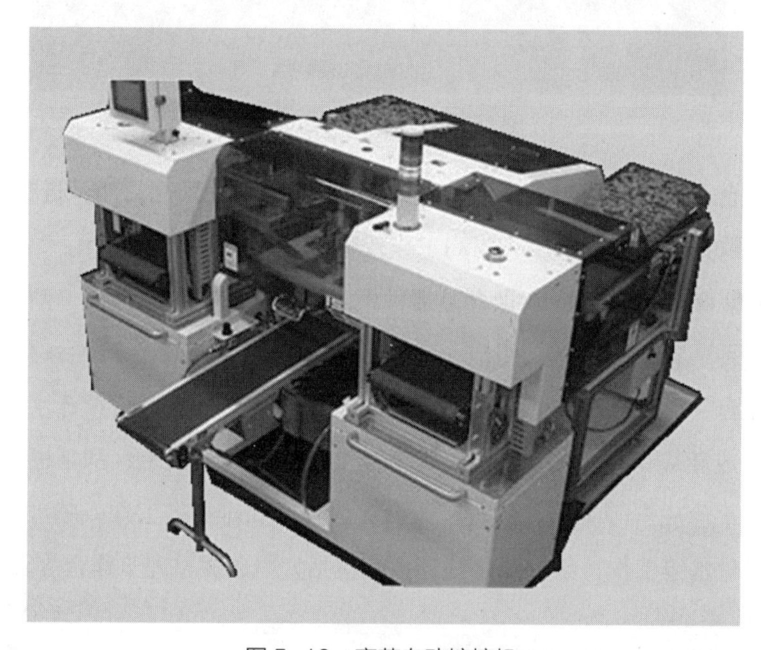

图 5-18 育苗自动嫁接机

4）自动喷淋机 自动喷淋机（图 5-19）采用移动式的装置，在作物的上方需要固定一台车梁，将整个工作部分通过台车悬挂在上面并能沿着其移动。台车由滚轮和箱体组成，台车的移动利用滚轮来完成的，将输水干管与一个连接盘利用点焊焊接起来，再使连接盘和箱体连接，连接方式采用螺栓连接，连接盘是一块圆形铁板，铁板上钻 4 个螺栓孔，箱体的底部也相应的钻 4 个相同的螺栓孔，将箱体和连接盘利用螺栓连接起来。输水干管上安装若干个喷头，喷头采用多用喷头，既可以喷出大小不同的水流，又可喷雾。与地面灌溉相比，用该设备可省水 30% ~ 50%，提高耕地利用率 7% ~ 15%，提高工效 10 倍以上。

图 5-19　自动喷淋机

2. 机械化耕地设备

1）起垄、铺管、覆膜复式作业机　该设备针对南方连栋大棚、北方日光温室（暖棚）吊蔓西瓜、甜瓜的种植模式，一个作业流程即可完成起垄、铺管、覆膜机械化复式作业（图5-20）。机具结构紧凑，体积小巧，配备的履带动力实现了原地“0”半径调头，在温室大棚内具有良好的通过性。起垄高度30厘米、垄宽70 ~ 90厘米，满足了设施吊蔓西瓜、甜瓜的耕整地机械化作业需求。

图 5-20　起垄、铺管、覆膜复式作业机

图 5-21　覆膜、覆土、打孔复式作业机

2）覆膜、覆土、打孔复式作业机　该设备针对新疆、甘肃等地西瓜、甜瓜传统沟灌的种植模式，在地膜无损条件下，解决在沟底覆膜、膜上覆土、膜上打孔的技术难题，一个作业流程即可完成覆膜覆土、打孔等作业（图 5-21）。

3）超宽幅旋耕起垄复式作业机　针对江浙赣等地“稻瓜轮作”的种植模式，一个作业流程即可完成超宽幅弧形垄的旋耕、起垄、整形。开沟作业时，土向两侧均匀抛出约为 150 厘米，在两条沟之间形成垄状，起垄高度达到 30 厘米、起垄宽度 2.7 ~ 3.0 米，满足了爬地西瓜、甜瓜的耕整地机械化作业需求（图 5-22）。

图 5-22　超宽幅旋耕起垄复式作业机

3. 机械化移栽设备 该栽苗机采取链轮，链条传动，实现挖穴、施肥、栽苗、封掩等功能于一体，移栽株距准确（图 5-23）。该栽苗机当一侧出现故障，另一则仍能保证工作，特别是栽苗器遇见硬土块、石块时减震缓冲器立刻发挥作用，防止了栽苗机的损坏。设备体积小操作方便，导管直栽不易伤苗，株距均匀，深度稳定，行距株距可调。

图 5-23 机械化移栽设备

每小时可移栽 3 600 株，是人工移栽的 10 倍，可节约生产成本，优化劳动人员配置，并无漏栽苗和伤苗现象发生，确保了秧苗移栽的质量和成活率，完全可以弥补人工移栽过程中的深浅不一，株距不均，生产效率低等缺点。

4. 机械化植保设备

1）化学防治机械化设备

（1）背负式电动喷雾器 该设备省时、省力、药效高可调速，打药速度快，药液雾化好，减轻劳动强度（图 5-24）。免维护动力蓄电池，容量大，工作时间长，体

图 5-24 背负式电动喷雾器

积同手压喷雾器，打药时只需打开电开关就可以工作，关闭电开关就停止工作，操作非常简单，加配调速功能，压力大小可调，节约农药，保护环境，体积小，适合棚室使用。

（2）担架式机动喷雾机　该设备由汽油机或柴油机等作为动力带动液泵工作，产生的高压水流经调压阀调节出水压力后由宽幅远射程喷射部件雾化喷出，形成所需高压宽幅均匀雾流（图 5-25）。具有工作压力高、喷雾幅宽、喷药均匀性、工作效率高、劳动强度低等优点，是一种主要用于大、中、小不同田块病虫害防治的机具。

图 5-25　担架式机动喷雾机

（3）热烟雾机　该设备采用一些油剂作为农药的载体，经高温瞬间气化，形成热雾（图 5-26）。拥有专利脉冲点火系统，高频引擎装置，科学的发烟控制设计，

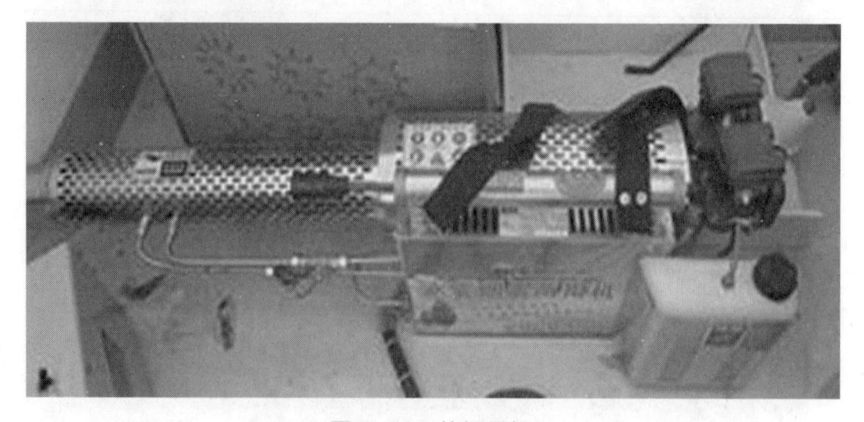

图 5-26　热烟雾机

因其喷出的热雾密度低，容易向上层扩散。具有功率高、发烟量大、耗药量少、高效安全、机体轻便、外形新颖、操作方便等优点，适合连片种植情况下，高效、快速防治农作物的病虫害。

（4）背负式喷雾喷粉机　该设备采用气压输液、气力喷雾、气流输粉原理，由汽油机驱动作为动力，是一种高效益、多用途的植保机械，可进行迷雾、喷粉、撒颗粒、喷烟、喷水、超低容量喷雾等作业，具有结构紧凑、体积小、重量轻、一机多用、射程高、喷洒均匀、操作方便等特点（图 5-27）。

图 5-27 背负式喷雾喷粉机

（5）履带自走式喷雾机　该设备外形尺寸较小，便于进出棚室，同时采用升降折叠式喷杆，实现由垂直喷雾到水平喷雾的转换，适用于温室大棚爬地与吊蔓栽培西瓜、甜瓜等园艺作物的高效植保作业（图 5-28）。

图 5-28　履带自走式喷雾机

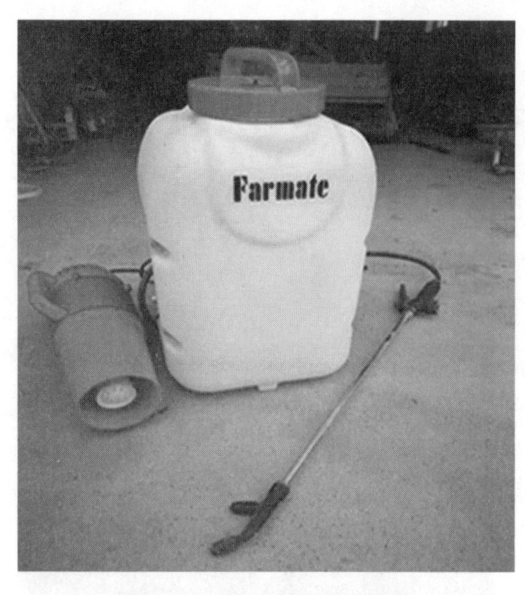

图 5-29　超低量电动喷雾机

（6）超低量电动喷雾机　该设备通过风机产生的高速气流将药液进行二次气液两相流雾化，形成雾滴粒直径 ≤ 50 微米的超细雾滴，实现超低量喷雾。高速气流在使得西瓜、甜瓜叶片翻动的同时，增加雾滴的初速度及雾动量，大大提高了农药雾滴在植株冠层内的穿透性，从而有效提高了农药雾滴向西瓜、甜瓜植株冠层运行的对靶性、沉积分布均匀性以及在瓜叶背面等隐蔽部位的覆盖率（图 5-29）。

（7）植保无人机　一种遥控式农业喷药小飞机，机体娇小而功能强大，可负载 8 ～ 10 千克农药，在低空喷洒农药，喷洒效率是传统人工的 30 倍（图 5-30）。该飞机采用智能操控，操作手通过地面遥控器及 GPS 定位对其实施控制，其旋翼产生的向下气流有助于增加雾流对作物的穿透性，防治效果好，同时远距离操控施药大大提高了农药喷洒的安全性。电动无人直升机喷洒技术采用喷雾喷洒方式至少可以节约 50% 的农药使用量，节约 90% 的用水量，适合新疆、甘肃等地规模化种植化学防治。

图 5-30　植保无人机

2）物理防治机械化设备

（1）多功能 ZHI 保机　是一款集植保机、殖保机、值保机、智保机于一体，可用于农业设施中病虫害防治、养殖场所消毒灭菌、公共场所消毒除味的多功能设备（图 5-31）。可实时监测使用环境的温湿度、光照强度和其他参数（如土壤温湿度、二氧化碳浓度），并将检测的数据上传到服务平台，最终通过用户手机的 APP 展现出来。同时可以远程用手动控制设备的风机、臭氧、诱虫灯动作。也可以通过设置定时控制，使设备按照设置的时间自动工作，实现自动消毒、灭菌、杀虫的功效。设备安装便捷，操作简易，物理化学方法杀菌防病、除臭、灭虫。配有加热管，极端天气，可临时加温防治冻害。无污染，无残留，降低农药及人工成本，增加收益，是设施农业病虫害的克星。

图 5-31　多功能 ZHI 保机

（2）空气杀菌消毒净化机　该设备使用特定波长的紫外线照射氧分子，使氧分子分解而产生臭氧（图 5-32）。当紫外线杀毒机工作时，紫外线照射空气里面的细

图 5-32　空气杀菌消毒净化机

菌以及病毒等微生物，这些微生物体内存在的DNA的成分就会被破坏，细菌以及病毒等微生物就会死亡或者丧失繁殖的能力。该设备适合棚室空气消毒使用，可有效降低西瓜、甜瓜叶部病害的发生。具有免耗材、无二次污染，能够对空气进行净化杀菌和消毒，还具有联网功能。

（3）土壤熏蒸机　土壤熏蒸机包括行走系统和施药系统两部分，依靠柴油发动机能够驱动行走，注药部通过泵与储药部连通（图5-33）。可将液体（药剂或者肥料）注射入土壤30厘米以下，下药量快、下药量大、下药量准确，能够快速实现单控每个下药点施药量大小，注射深度、宽度均可灵活调整，适应范围广，做到熏地整平一次性完成。具有结构紧凑、操作灵活、施药控制简便、施药精度高等优点，从而能够良好地保证土壤熏蒸消毒的效果。

图5-33　土壤熏蒸机

图5-34　太阳能杀虫灯

（4）太阳能杀虫灯　利用太阳能电池板作为用电来源，其将白天太阳能发的电储存起来，晚上放电给杀虫灯具，供其工作（图5-34）。主要利用昆虫具有较强的趋光、趋波、趋色、趋性的特性原理，确定对昆虫的诱导波长，研制专用光源，利用放电产生的低温等离子体，紫外光辐射对害虫间生的趋光兴奋效应，引诱害虫扑向灯的光源，光源外配置高压击杀网，杀死害虫，使害虫落下专用的接虫袋内，达到灭杀害虫的目的。具有节能环保、降低农药残留、提高产品品质、减少对环境的污染等优点。

（5）硫黄熏蒸器　该设备是将高纯度的硫黄粉末用电阻丝或灯泡加热直接升华成气态硫，均匀地分布于密封的温室大棚内，抑制室内空气中及作物表面病虫的生长发育，同时在作物的各个部位形成一层均匀的保护膜，可以起到杀死和防止病原菌侵入的作用（图 5-35）。它不仅可以防治白粉病、灰霉病、黑斑病、叶霉病等病害，还可防治茶黄螨和红蜘蛛，对人畜低毒，对蜜蜂等有益昆虫几乎无毒。与传统的叶面喷施农药相比，可以减少畸形果。

图 5-35　硫黄熏蒸器

（6）小型除草机　该设备根据园内机械锄地困难设计的，以汽油为动力，具有重量轻，体积小，结构简单，操作方便，易于维修，使用寿命长，油耗低，生产效率高等特点（图 5-36）。小型除草机轻便灵活，易于操作，节省人力，提高生产力，小型松土除草机适合松软沙质地、经济作物种植的松土、中耕和除草。

图 5-36　小型除草机

5. 机械化施肥设备　施肥机械是用以在地表、土壤或作物的一定部位施放各种肥料的农业机械。根据肥料的种类和特性不同，施肥机可分为固态化肥施肥机、固态厩肥施肥机、液态化肥施肥机和液态厩肥施肥机；按施肥方式不同可分布撒布机械、施种肥机械和施追肥机械等。目前，西瓜、甜瓜栽培过程中肥料施用常用基肥撒施机械和追肥施布机械。

1）基肥撒施机械

（1）厩肥撒布机　该设备由动力输出轴带动旋转的排肥盘将有机肥撒出。在随后的耕地作业中，厩肥随土垡翻转混合埋入土层。它的排肥机构有结构简单、重量较小、撒肥幅度大和生产效率高等优点。

图 5-37　化肥撒布机

（2）化肥撒布机　该设备主要用于施撒粉状或颗粒状化肥，结构形式有离心式和扇形振动式等（图 5-37）。适合大田、大棚等地撒肥工作，能在恶劣的地况下进行撒肥。具有撒肥均匀，工作效率高，节省劳动力等优点。

（3）厩液或液态肥洒施机　作业时，利用高速旋转的风机产生的高速气流，并配以机械化排肥器和喷头，大幅宽、高效率地洒施化肥（图 5-38）。此类洒肥机主要针对化肥和液态肥，无法洒施有机肥。该洒施机由于价格高昂，且国内对液肥生产应用较少，应用前景受到了限制。

图 5-38　厩液或液态肥洒施机

2）追肥施布机 追肥是将化肥施在作物根系的侧深部位。追肥施布机（图5-39）通常是在中耕机上安装排肥器与施肥开沟器。在国内一般追肥施布机采用侧方表施方法进行作物追肥。目前自动施肥系统应用已经非常广泛，施肥器受计算机或小型控制器控制，以实现精确施肥，但其成本较高、适用范围较为局限。

图5-39 追肥施布机

3）二氧化碳（CO_2）施肥机 采用优质耐高温、防腐蚀的材料制成，内设微电脑自动控制装置（图5-40）。可以提高空气中CO_2气体浓度，增加植物光合作用强度，使幼苗健壮，缩短生长期，提高作物产量，增加作物营养及品质，提高作物抗病抗侵蚀能力。该设备可产生出大量纯净的CO_2，并设有断电、意外熄火、风压、高温等多种安全保护功能，具有燃烧充分、安全、方便控制等优点。

图5-40 二氧化碳（CO_2）施肥机

6. 机械化采收设备 该设备包括采摘车、装瓜车、机械手（图5-41）。采摘车的车头设有激光传感器，机械手设置在采摘车上，机械手顶部设有机械爪，机械爪上的爪为弧形结构，机械爪上设有超声波传感器，机械手上设有自动剪切装置；采摘车上还设有计算机，装瓜车上设有货仓，货仓底部设有压力传感器，装瓜车前端设有连接杆，采摘车尾部设有电动爪扣，电动爪扣与连接杆外端连接。该设备能判断西瓜成熟程度，可以自动采摘成熟的西瓜，并计算未成熟西瓜下一次的采摘时间，采摘过程无须用到人力，十分方便。

图 5-41　西瓜自动采收机

7. 其他机械化设备

1）绑蔓机　该设备是用于捆绑藤蔓园艺植物的一种工具（图 5-42）。以往菜农、果农要把茎蔓捆绑在支架上，通常是手工绑绳，劳动强度高、效率低，由于采用麻花绳、撕裂带等作为绑绳，还容易损伤细嫩的茎蔓。绑枝机是以塑料带为绑绳，以

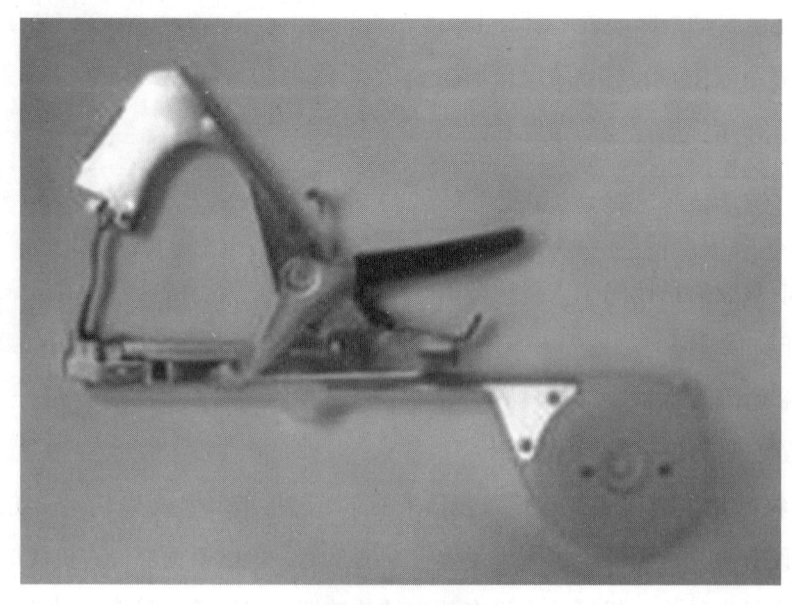

图 5-42　绑蔓机

订书机束绳，单手操作，即可完成束带动作捆绑住作物茎蔓，具有结构精巧、操作简便、工作效率高、不会损伤作物等优点。

2）打杈机 该设备包括内置电线的可伸缩杆体，可装卸充电电池手柄、电源开关、小型电机、转动轴、四叶刀片及塑料绝缘盒，利用电机带动前端刀片进行整枝打杈（图5-43）。该打杈装置结构简单，操作方便，可根据人的高度调整杆体，单手握手柄，四叶刀片对准瓜类作物杈底，打开电源开关，刀片自动旋转切断杈枝，省时省力，大大提高劳动效率。

图5-43 打杈机

（三）信息化应用技术

所谓农业信息技术，是指利用信息技术对农业生产、经营管理、战略决策过程中的自然、经济和社会信息进行采集、存储、传递、处理和分析，为农业生产者、经营者和管理者提供资料查询、技术咨询、辅助决策和自动调控等多项服务的技术的总称。它是利用现代高新技术改造传统农业的重要途径。

1. 农产品生产环境信息化 气候条件对农业生产影响较大，其中，温度、降水、光照、昼夜温差等与农作物的生产息息相关。田间小气候自动气象观测站（图5-44）利用科学技术获取自然环境信息，并通过计算机对信息进行分析，可以针对某一地区环境条件因地制宜地开展农业生产，同时，可以预测自然灾害的发生，以便提前做好预防，降低可能造成的损失，减轻自然灾害对农业生产的影响。

图 5-44　田间小气候自动气象观测站

2. 农产品生产过程信息化　利用信息技术减少人力耗损和干预，提高农业基础设施和操作的自动化与智能化水平。物联网设备（图 5-45）可以通过计算机处理系统对田间作物的长势进行自动分析与控制，设置和选择合适的水肥量与施肥方法，有效地监测农作物的环境参数，并进行数据的分析和处理。

图 5-45　物联网设备

3. 农产品流通管理信息化 农产品从生产直至最终流通到消费者经历的过程较长，对其管理难度较大。在这个过程中，需要协调买卖双方的需求，建立一个信息沟通渠道，确保农产品流通过程的通畅，在这个沟通渠道中，农民和消费者可以获取自己需要的信息，有助于降低农产品的交易成本。信息网络技术的发展，可以帮助农民根据市场需求有针对性地进行生产，避免了传统农业生产的盲目性；而电子商务的兴起将农产品的交易扩展到全国甚至是全球，不再局限于一小块区域，推动了农业产业化和现代化的发展。

4. 产品质量安全信息化 在生产基地和瓜果市场建立速测点 3 ~ 5 个，通过建立西甜瓜产品溯源平台及全链信息快速采集技术体系，使产品质量安全溯源系统（图 5-46）与电商平台西瓜产品信息无缝链接，建立和改善西瓜生产基地信息化平台。

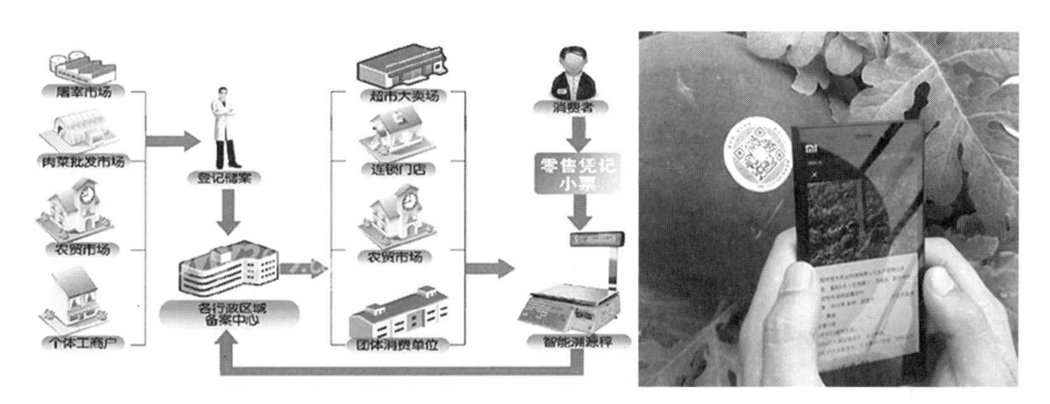

图 5-46 产品质量安全溯源系统

六、田间管理

（一）露地西瓜地膜覆盖栽培

1. 栽培季节 春季早熟栽培一般 3 月中下旬育苗，4 月中下旬定植，6 月下旬至 7 月上旬采收；春季晚熟栽培 4 月底至 5 月初育苗,5 月中下旬定植,8 月下旬采收。

2. 地块选择 西瓜是耐旱怕湿性作物，因此应选择地势高，排水方便的田地，避免选择地势低洼、地下水位高的田地，否则不利于西瓜生长，遇大雨容易造成涝害。西瓜最适合在土层深厚、土质疏松肥沃、通透性良好的沙质壤土中生长。不仅有利于西瓜的生长发育，而且昼夜温差大时，有利于西瓜糖分的积累，提高品质。西瓜的前茬作物在北方最好是小麦、谷子、玉米、高粱，甘薯、棉花次之，忌用花生、豆类和蔬菜做西瓜的前茬，否则病虫害发生严重。西瓜忌连作，怕重茬，一般旱地需轮作 6 ~ 7 年，水田需轮作 4 ~ 5 年方可再种西瓜，否则会发生枯萎病，造成西瓜减产减收，甚至绝收。若采用嫁接栽培或抗枯萎病的西瓜品种，可适当连作，但需同时采用一些配套栽培技术，以减轻连作带来的除枯萎病以外的其他不利影响。

3. 整地、施肥、做畦

1）整地 在北方干旱地区种植西瓜，瓜地在秋季作物收获后进入冬季之前应进行一次深翻,深一般为 20 ~ 30 厘米；结合深翻可进行一次冬灌,以改善墒情（图 6-1）。深翻后不耙地，保持大块冻垡，有利于土壤积蓄雨雪，改善结构，减少地下害虫危害；早春解冻后耙细整平瓜地，然后再耕翻 25 厘米深。经翻耕后的土地，应使土壤疏松，土块细小，地面平整，以便做畦。

图 6-1　土壤深翻

2）施肥　结合春季翻耕施足基肥。基肥应采用普遍撒施和沟施相结合的方法，春耕前每亩地普遍撒施有机肥 1 500 ~ 2 500 千克，翻耕入土，再按预定的行距开挖瓜沟。瓜沟宽为 40 ~ 60 厘米，深 20 ~ 30 厘米，各地不一。挖沟和施肥的方法一般是：先画好瓜沟的中心线，然后向线两侧展开挖到要求的宽度，当深度挖至 20 厘米时，沿沟灌一次底水，待水渗干后可以作业时，将基肥施入沟内，再用铁锨翻挖 10 ~ 20 厘米，使基肥与底土充分混合拌匀，最后把表土填入沟内，耙平镇压，防止跑墒，以备做畦。施入瓜沟的基肥，一般每亩施优质厩肥 2 000 ~ 3 500 千克，并结合施入过磷酸钙 40 ~ 50 千克、硫酸钾 10 ~ 15 千克，或结合施入氮、磷、钾三元复合肥 50 ~ 60 千克。采用地膜覆盖栽培，土壤中有机质分解快，若施肥量不足，后期会出现脱肥现象。此外，因地膜覆盖后追肥不方便，应注意施足基肥，增加优质有机肥的施用量。

3）做畦　做畦的方法根据地膜覆盖的形式确定。目前，华北、东北多旱地区用得较多的地膜覆盖形式有高垄式、朝阳坡式和高垄改良式等做畦和覆膜方式。

（1）高垄式　在整地、施基肥、造墒的基础上，在施肥沟上培土成龟背形高垄。畦底宽 60 厘米，畦中间高 10 ~ 15 厘米。畦表面覆盖地膜，边缘田土压实。高垄多采用东西行向，种一行瓜，瓜秧向南爬。这一覆盖形式的优点是：定植处土层厚，排水方便，受光面积大，早春地温回升快；缺点是：因瓜苗定植在龟背的最高处，易受风寒。因此，在春季多风地区不宜采用高垄式（图 6-2）。

图 6-2　高垄式

（2）朝阳坡式　畦面北高南低，北边高 15 厘米（旱地宜低），慢慢向南倾斜，斜面要平整，地膜紧贴地面，两边各压 10 厘米，使用斜面保持 60 厘米宽，种瓜时就直接播种或定植在斜面靠坡顶 1/3 处。该覆盖形式采光性好，便于排水，同时还具有一定的防风作用。朝阳坡式（图 6-3）具有高垄式的优点，又克服了高垄式的缺点，效果较好。

图 6-3　朝阳坡式

（3）高垄改良式　在高垄的基础上，在垄顶部开一宽、深均为 10 厘米左右的小沟，在沟内播种或定植小苗，在畦面上覆盖地膜，可使栽培季节比高垄覆盖提前

10 ~ 15 天。终霜后将沟沿镇平变为半高垄覆盖。其优点是可以提前播种、定植，缺点是幼苗所在的空间太小，晴天中午容易出现烤苗现象。

4. 直播或移栽 地膜覆盖西瓜栽培可采用育苗移栽，也可采用大田直播，前者比后者西瓜成熟早，节省种子，便于苗期管理，故应用较多。

1）直播或移栽时期的确定 在采用高垄式、朝阳坡式覆盖时，直播或移栽（定植）时间为 10 厘米深处地温稳定在 15℃以上时进行。如采用防风墙壁式、小拱棚式、改良式覆盖时，直播或定植时间可提早 10 ~ 15 天。

2）种植密度 西瓜是喜光作物。若种植过密，则其叶片互相重叠，下层叶片光照差，容易过早枯黄脱落；同时，由于单株营养面积小，单瓜重减小，商品性降低。反之若种植过稀，则造成光能和地力的浪费。西瓜适宜的种植密度应根据品种特性、整枝方式、土壤肥力及施肥量的多少而定。一般生长势弱的品种、早熟品种可适当密植，生长势强的品种、中晚熟品种种植密度不可过大；留蔓少时密度可加大，反之密度应小；土壤肥力差的应适当密植，土壤肥沃的应适当稀植。应根据不同品种的具体特性及要求确定种植密度。

3）直播方法 直播时，播种和盖膜的顺序有先播种后盖膜和先盖膜后播种两种。先播种后盖膜的优点是操作简便，出苗前保湿和保温性好；先盖膜后播种的优点是提前覆盖地膜使地温提前升高，但播种穴的水分容易丧失。采用改良式覆盖时，一般先播种后盖膜；也可以先盖好膜，播种时把地膜从一边掀开，播完种后再重新盖上。

在先盖膜后播种的情况下，播种时可用打孔器在播种穴部位打播种孔（图 6-4），透过地膜入土 2 ~ 3 厘米深，然后将种子播在孔内，再盖土，并将地膜口用土封严；也可不破膜，而在播种时先将地膜南侧揭起，卷向北侧，再将播种穴部位刨松，扒 2 ~ 3 厘米深的播种穴，穴内浇水后播种，然

图 6-4　播种孔

后盖上细土 1.5 厘米，再将地膜按原样盖好。先播种后盖膜时，可将播种孔开大一点，以便浇播种水，待水渗下后将种子播下，然后盖湿润细土 1.5 厘米左右，轻轻镇压，待全部播完后整平畦面，尽快盖膜。

播种时土壤不可过湿，也不可过干，以手握土可成团，松手土落地即散为好。若墒情不足，应向播种穴内多浇底水，以防种芽被抽干。土壤水分也不可过多，否则会导致烂种、烂芽。播种应在晴天上午进行。播种的深度不可过深，否则，出苗困难，瓜苗细弱；也不可太浅，否则，种芽易被烤干，并且易“戴帽”出土。

4）移栽方法 定植时应选晴暖无大风的天气，且定植后最好能连续几天是晴天，以利于缓苗。为提高地温，最好在定植前 5 ~ 7 天覆盖地膜。定植前一天按株距画出定植穴的中心位置，在定植的当天用打孔器在定植穴的位置打挖定植穴。打孔器可以购买，也可以自制。自制打孔器时用薄铁皮制成圆筒形，其下端刀口处磨利，上端固定在“T”字形的木把上，便于操作，打孔器圆筒的规格应比营养土坨或营养钵的规格（直径和高度）略大一些。定植孔穴挖好后，将瓜苗带土坨轻轻放入定植穴内（用塑料营养钵育苗的应轻轻将营养钵脱下），定植深度应以土坨上面与畦面持平为宜，瓜苗放好后即可浇定植水，水量大小视土壤墒情而定。定植水渗干后，用从定植穴内挖出的细土将土坨四周的孔隙填满，并用手轻轻按压土坨的四周，但切忌按压土坨上面或挤压土坨，以免把土坨挤碎，造成瓜苗断根死苗。然后在定植穴上面再盖一扁指厚的土，并将地膜开口处用土封严（图 6-5）。

图 6-5 封土

采用改良式覆盖时，应将地膜从一边揭开，然后定植，或者先定植后盖地膜。采用这种定植方法时，挖定植穴时不必使用打孔器，用锄头或铁锨挖即可，定植穴可稍挖大一点。挖好定植穴后，先将瓜苗带土坨按适宜的深度放进定植穴内，即可覆土，覆土时先覆从定植穴中挖出的土的 2/3，然后浇水，待水渗干后，再用剩余的 1/3 土把定植穴盖好，整平畦面即可盖膜。

定植时应注意以下几个问题：一是在搬运苗子的过程中不可碰碎营养土坨，用塑料营养钵育苗的应连营养钵一起搬运，土坨粉碎的苗子不能定植。二是定植穴封土时不可挤压土坨，以免伤根引起死苗。三是定植后应当留一部分余苗埋在瓜田中，用营养钵育苗的应连营养钵一起埋，以作后备苗。定植后 5 ~ 7 天进行查苗补苗。

5. 直播地苗期管理　采用不破膜方式直播的瓜地要先破膜放苗。破膜放苗应在幼苗出土后及时进行，一般用刀片把地膜划开一道"一"字形的小口，把幼苗从小口中掏出，然后用土将地膜开口压实封严。破膜放苗一般在 9 时前和 16 时以后进行，切忌中午天热时放苗，在采用改良式覆盖时，也应在幼苗大部分出土后进行破膜放风，其方法是随着瓜苗的生长和外界气温的升高，逐渐加大瓜苗顶端通风孔的数量和通风孔的大小，原则是保持畦内最高温度不超过 35℃。通风孔应扎在正对苗顶的位置，以备放苗。当幼苗长出 3 ~ 4 片真叶，外界气温稳定在 20 ~ 25℃时，便可把苗放出，改良式覆盖将沟沿镇平变为半高垄式覆盖，幼苗从通风口中掏出，苗四周及地膜开口用土压实封严。

间苗、定苗工作一般在幼苗长出 3 片左右真叶时进行，每穴保留 1 株生长健壮的幼苗，把小苗、弱苗去掉。间苗或定苗时不可将幼苗连根拔出，而应将幼苗自近地处掐断，以免松土伤根，影响保留苗的生长。

在苗期作业中，应保持膜面的清洁和完整，有破口或被风刮起的地方应及时用土封严，以确保地膜保温增温和保湿功能。

6. 肥水管理

1）施肥

（1）根据土壤条件合理施肥　一般"肥劲长而稳"的肥沃土壤，俗称"饿得、饱得"的地块，施肥量宜少，施肥次数也可以少些；"有前劲而后劲不足"的土壤，俗称"早发田"，施肥时要注意少量多次施用，尤其应注意防止西瓜后期脱肥早衰；"有后劲而前劲不足"的土壤，应注意前期施用速效氮肥作基肥，起提苗发根的作用。

（2）根据西瓜的营养特点及瓜秧的长相合理施肥　西瓜一生中除施基肥外，可进行两次追肥：第一次是在伸蔓始期需肥量开始增加时，应追施速效肥料，促进西瓜的营养生长，保证西瓜丰产所需的发达根系和足够叶面积的形成，这次追肥以氮肥为主，辅以磷、钾肥；第二次是在果实褪毛开始进入膨大期时追速效肥料，以保证西瓜最大需肥期到来时有足够的营养供应，有利于果实产量的形成和品质的改善，此次施肥以钾肥为主，配施氮、磷肥。在单位面积的总施肥量确定的情况下，基肥和追肥的施用量应根据土壤条件进行合理分配。即在保肥力强的肥沃土壤上，基肥的比例可以大些，追肥次数可以减少；在保肥能力差的土壤上，基肥的施用比例应减少，而追肥的次数应增加。西瓜的追肥次数还应根据瓜秧的长相来确定，如苗期生长势弱时，可增加一次提苗肥；如生长期间没有缺肥的迹象，也可以不追肥。

（3）根据化肥对西瓜的施用效果施肥　不同的化肥品种对西瓜的施用效果也是不同的：硝酸铵对西瓜的生长发育有良好的影响，施用硝酸铵的西瓜果实含糖量比施用碳铵、氯化铵、尿素的都要高，但产量上无显著差异；硫酸钾的增产效果大于氯化钾、尿素与过磷酸钙合使用的增产效果大于硝酸磷肥；硫酸钾对西瓜品质无不良影响，而施氯化钾后西瓜风味偏酸。

2）浇水

（1）地膜覆盖栽培时　由于地膜具有良好的保墒作用，加之幼苗需水量少，故前期可适当减少浇水次数和浇水量。直播时，一般底水要浇足，苗期可不再浇水，如出现旱象，可浇小水。育苗移栽时，如底墒不足，可在浇定植水后暂不封窝，次日再浇一次稳苗水，然后封窝。

（2）在西瓜进入团棵时　结合追团棵肥进行浇水，水量宜适中。浇水后及时中耕保墒，促进根系生长。伸蔓期的浇水应掌握土壤“见湿见干”的原则，即早上看土壤潮湿，中午变干发白，经晚上返潮后，第二天早上土壤仍然潮湿。但伸蔓末期，临近开花时应控制灌水。

（3）西瓜褪毛后　进入果实膨大盛期，果实需水量大大增加；同时，由于气温升高，地面蒸发量和叶片的蒸腾量都明显增大。因此，这段时间应保证充足的土壤水分供应，以促进果实发育。若西瓜此时缺水受旱，则将严重影响西瓜的产量，甚至造成果实畸形。一般在西瓜褪毛时，结合追果实膨大肥浇一次果实膨大水，以后每隔 4 ~ 5 天浇一次水；西瓜定个后，其体积和重量很少再增加，主要进行果实内部的糖分转化，应控制浇水；收获前一周停止浇水，以提高西瓜的品质。

7. 整枝打杈

1）整枝 西瓜的整枝方式有双蔓整枝、三蔓整枝和燕形整枝等。采用地膜覆盖栽培时，常用的整枝方式有双蔓整枝和三蔓整枝。

（1)双蔓整枝 除主蔓外，在主蔓基部选留一条健壮的侧蔓，其余侧蔓全部去掉，主蔓和侧蔓相距 20 ~ 25 厘米平行向前爬；一般在主蔓上留果，在主蔓留不住果时，用侧蔓留果(图 6-6)。

图 6-6 双蔓整枝

（2）三蔓整枝 除主蔓外，在主蔓基部选留两条健壮的侧蔓，其余的侧蔓全部去掉，两条侧蔓分排在主蔓两边平行向前爬（图 6-7）。此种整枝方式适用于中晚熟大果型品种，由于单株营养面积增加，单瓜重增大，但种植密度下降。

图 6-7 三蔓整枝

（3）燕形整枝　为简化生产，也可采用“燕形整枝”（图 6-8），即主蔓调整方向与瓜畦呈 30° ~ 45° 角（为使坐瓜位置在瓜畦上，避免雨季畦沟内雨水浸泡西瓜）；主蔓两侧 6 ~ 8 个侧蔓在主蔓两侧依次排列，好像燕子的翅膀，因此这种简化整枝当地瓜农叫“燕形整枝”，该整枝方式只调整主蔓的方向，保留所有的侧枝；对主蔓、侧蔓等均不摘心，不压蔓，瓜蔓密如网，互相缠结，即使风再大也不飘摆。该整枝方式让植株在田间按一定方向呈燕形伸展，使蔓叶尽量均匀地占有地面，以便形成一个合理的群体结构。连续 5 年在确山县的示范结果显示：该简化整枝与其他整枝相比，增产或减产效果均不显著，但比三蔓或两蔓整枝省工 70%，每亩节省劳力成本 262.5 元，节本增效显著，具有良好的示范和推广前景。

图 6-8　燕形整枝

2）打杈　无论采用哪种整枝方式，都应该及时进行打杈，以防止营养浪费。一般除坐瓜节位留一条杈不打以外，其余瓜杈都打掉，直到果实坐稳为止。果实坐稳后，待瓜蔓爬满全畦，瓜叶将地面全部覆盖以后，可将瓜苗顶部摘心，以减少养分损耗，促进果实发育。瓜苗摘心只有在营养生长过旺时或品种生长势过强时采用，在生长势弱时不可摘心。

8. 压蔓　压蔓可以调整瓜蔓在田间的分布，防止大风吹滚瓜秧，控制瓜蔓生长。压蔓应在蔓长 40 ~ 50 厘米时开始进行，以后每隔 4 ~ 6 节压一次，主蔓和侧蔓都要压，一般要求瓜前压两刀，瓜后压两刀。压蔓宜在午后进行，以防折断瓜秧。

1）倒秧　压蔓之前必须倒秧。在西瓜团棵后压第一刀之前，瓜秧容易被风吹转动，扭伤上胚轴，损坏输导组织，导致瓜叶失水死亡。为了防止风刮毁苗，在西瓜植株开始伸蔓，主蔓长到 20 厘米左右时需进行倒秧。在生茬地或在重茬地采用抗病品种时，倒秧的方法是：在瓜根的南侧用手自瓜根向南往下压一条小沟（不必破膜），小沟靠瓜根处深，便于扳倒瓜秧，然后用左手捏住下面的根颈处，右手捏住瓜蔓的上端，慢慢将瓜秧扳倒在小沟内，在瓜根北侧封一锨湿土，拍紧护根，再用一土块压住瓜叶，使瓜秧向南倾斜即可。

2）压蔓方法 压蔓有明压和暗压两种方法。明压就是用土块或“∧”形树杈（用铁丝弯成也可）压住瓜蔓的节间使其固定在地面上（图6-9）；暗压就是把瓜蔓下的土壤铲松、拍平，将压瓜铲斜插土中开一约6厘米深的小沟，把蔓拉直引入沟内，抽出瓜铲，土便自然埋压瓜蔓，再轻轻拍实。采用地膜覆盖时，一般膜面上采用明压，瓜秧下膜后采用暗压。在重茬地采用嫁接栽培时，应全部采用明压，若采用暗压法，则瓜蔓易产生不定根，引发枯萎病，失去嫁接的作用。

图6-9 “∧”形树杈压蔓

3）压蔓原则 一是拉紧茎蔓，以利于养分运输。一般原则是瓜前一刀压得狠，瓜后一刀压得紧，这样有利于控制营养生长，便于坐瓜，使养分集中向果实运转。二是坐瓜部位前后1～2节不要压在土壤内，以免影响授粉、坐果，有利于果实膨大和翻瓜。三是灵活采用明压和暗压，一般植株生长势较旺时，为防徒长，可采用暗压，压重压深一些；生长势较弱的植株，一般采用明压，也可采用暗压，但要压浅一些、轻一些。当茎叶已铺满地，果实膨大，不受风害时，停止压蔓。

9. 促进坐瓜及果实管理

1）促进坐瓜

（1）人工授粉 西瓜是雌雄同株异花植物，主要靠蜜蜂等昆虫传粉。昆虫的活动受天气的影响很大，昆虫在无风的晴天活动频繁，而在阴雨低温的天气则活动较少。因此，阴雨天应进行人工辅助授粉，以提高坐果率。人工授粉的最佳时间是 7 ~ 9 时，方法是：摘下当天开放的雄花，去掉或后翻花瓣使雄蕊露出，然后将雄花的花药在雌花的柱头上轻轻涂抹，使花粉均匀地落在柱头上，注意不可碰伤柱头。下雨天最好在开花前一天傍晚用纸帽将雄花和雌花套住，以防雨水淋湿花粉和柱头，影响花粉发芽，授粉后换一干纸帽将雌花套上。纸帽的制作方法是：将旧报纸、旧书纸裁成适当大小，用 5 号电池作模具将纸卷成筒形，将圆筒的一端拧紧，然后将 5 号电池抽出即可。

（2）施用植物生长调节剂　通过施用生长调节剂来促进生殖生长，促进生长中心向果实转移，从而达到提高坐瓜率的目的。提高坐瓜率的生长调节剂种类很多，但目前在生产上应用效果较好，稳定性高的生长调节剂主要是坐瓜灵类。生产实践证明，利用坐瓜灵促进西瓜生长，是目前生产上既经济又适用的理想方法之一。

2）果实管理

（1）选瓜定瓜　第一雌花由于节位近，所结的瓜往往个小、皮厚、易空心、畸形、品质差，所以一般不留第一雌花坐瓜，以第二或第三雌花留瓜最好，一株只留一个瓜（图 6-10）。定瓜一般在幼瓜鸡蛋大小开始褪毛时进行。若主、侧蔓都坐有瓜，而且坐瓜节位和幼瓜大小都非常接近，则一般保留主蔓上的瓜，去掉侧蔓上的瓜；若主蔓上的幼瓜不如侧蔓上的幼瓜好，也可在侧蔓上留瓜。

图 6-10　选瓜定瓜

（2）垫瓜　西瓜果实长到拳头大小时，将瓜顺直平放，然后进行垫瓜，即在西瓜果实下面垫上麦秸，或将果实下面的土壤拍成斜坡形，将果实摆在斜坡上（图6-11）。垫瓜有利于促进果实生长周正，防止雨水浸泡，减轻病虫危害。

图6-11　垫瓜

（3）翻瓜　随着西瓜果实的不断生长，逐渐表现出品种固有的特征。但果实着地一面，由于见不到阳光，瓜皮呈白色，表现不出品种固有的特性，影响美观，而且果实内部发育不均匀，阴面含糖量偏低，品质不如阳面好。因此，为了促进整个果实的均匀发育，在果实定个后要进行翻瓜。翻瓜要在下午进行，顺一个方向翻，切忌这次转过来，下次转过去。每次转动的角度不宜过大，一般不超过30℃避免用力过猛。翻瓜时，一手握住果柄，一手扶住果实，双手同时轻轻用力扭转果实，每个瓜翻2～3次即可。

10. 采收

1）采收时间的确定　采收时间必须根据西瓜果实的成熟度、品种的特征和销售方式来确定。西瓜果实的成熟度不同，果实品质会有很大差异：充分成熟的果实含糖量高，瓤质松脆爽口，风味纯正，皮薄；成熟度不够的果实，瓤色发浅，肉质硬，含糖量偏低，有酸味，皮厚；过熟的果实则易空心、倒瓤、肉质沙面，水分减少，口感差，品质下降，严重时不能食用。西瓜最佳采收时期与品种特性也有关系：一般来说，早熟品种，可适当提前采收；对成熟度要求严的中晚熟品种应充分成熟后采收；对准备长途外运的果实，可适当提前采收，而在当地销售时，则需待充分成熟后采取。

2）成熟度的鉴定方法

（1）看外观　成熟的西瓜，瓜皮坚硬光亮、条纹清晰或披有蜡粉，西瓜脐部和西瓜蒂部向内收缩凹陷（有些品种不凹陷），瓜柄上绒毛大部分脱落，坐瓜节位或前一节位的卷须全部或部分干枯。根据卷须判断西瓜的成熟度时，还要了解瓜秧的生长情况。若瓜田肥水充足，瓜秧生长旺盛，则西瓜虽已成熟了，但卷须仍为绿色；反之，若瓜田肥水不足，茎叶过早衰败，则瓜未熟，卷须就有可能干枯。

（2）听声音　用手指弹果实听声音，若发出“嘭、嘭”的低哑浑浊的声音则为熟瓜；若发出“噔、噔”的清脆声音，则为生瓜。需要注意的是，有些果实肉质硬而致密的品种，成熟时不会发生“嘭、嘭”的声音，只有过熟时才会发出这种声音。因此必须多实践，逐步积累经验。

（3）凭手感　一手托瓜，另一手轻轻拍，若托瓜的手感到微有颤动者为熟瓜。也可两手托瓜，感觉比较轻的为熟瓜，比较重的为生瓜。

（4）计算坐瓜天数和积温　同一品种在气候条件一致的情况下，果实成熟所需的天数也是基本一致。可在坐果节位雌花开放时做好标记，然后根据各品种所需的果实发育天数确定采收日期。果实成熟期也可以通过计算积温（从坐果节位雌花开放到果实成熟期间，每日平均温度相加的总和）的方法来确定，一般早熟品种果实成熟所需的积温为700℃，中熟品种800～900℃，晚熟品种1 000℃，根据积温可较准确地算出西瓜成熟所需的天数。

（二）小拱棚西瓜双覆盖栽培

小拱棚西瓜栽培是指在西瓜的生长前期，气温和地温均偏低时，搭设小拱棚进行防寒保护；在气温和地温升高时，瓜蔓也较长时，拆掉小拱棚，进行自然条件下的栽培管理。小拱棚西瓜栽培属于短期性保护栽培，依据其保温覆盖物的种类及覆盖层数的不同可分为单一小拱棚栽培、小拱棚双覆盖（小拱棚＋地膜）栽培和双膜一苫覆盖（小拱棚＋地膜＋草苫）栽培。目前生产上用得最多的是小拱棚双覆盖栽培（图6-12）。

图 6-12　小拱棚西瓜双覆盖栽培

1. 栽培季节和设施　栽培时期选择结合本地气候特点，将西瓜果实发育期安排在本地气候最适宜西瓜生长的季节。河南省瓜区应使西瓜在 5 月 20 日前果实基本坐齐，7 月上中旬为集中上市期。育苗时间安排在 2 月底至 3 月中旬，塑料大棚或日光温室内育苗，3 月底至 4 月中旬移入大田。小拱棚双膜覆盖栽培，5 月上旬撤去小拱棚，按露地西瓜进行田间管理。

2. 整地做畦　定植西瓜的瓜沟要在春节前挖好，利用低温风化疏松土壤，减少病虫越冬基数。种植畦南北走向，减少春季多发西北风造成风沙危害；平畦栽培，以 2 ~ 2.2 米为 1 条种植带，种植畦宽 0.7 米左右，坐瓜畦 1.3 ~ 1.5 米，瓜沟深约 0.3 米；亩施农家肥 3 米^3，氮、磷、钾复合肥 30 千克，结合施基肥，回填沟土，将种植畦耙成坡度 15° ~ 20° 的龟背形畦，种植畦在幼苗移栽前 5 ~ 7 天浇水沉实。定植前 3 天整地做畦，用铁耙等工具将畦面耙匀、耙平，做到表里一致，质地紧密。耙前可每亩施入 4 袋（每袋 800 克）地菌净，通过搂耙和土壤掺匀，然后喷施除草剂，亩用都尔 250 毫升，加水 50 ~ 75 升，均匀喷雾。上覆 70 ~ 80 厘米宽地膜，以达到增温保墒的作用。

3. 定植　由于双覆盖定植时间较早，天气比较寒冷，气温不稳定，常出现回寒现象的地区，应避开最后一次强寒流，一般在拱棚内日平均气温稳定在 12℃ 以上，日最低气温不低于 5℃，10 厘米深地温稳定在 15℃ 以上即为安全定植期。定植日期应选在“冷尾暖头”的晴暖天气，定植前一周盖好地膜，扣好拱棚，以提高地温。幼苗 3 叶 1 心期及时定植，定植前 1 天瓜苗喷施 0.3% ~ 0.5% 尿素作根外追肥，同时喷施 70% 甲基硫菌灵可湿性粉剂 800 倍液，使瓜苗带药、带肥进入大田，阻断病虫害通过幼苗传入田间，随定植随按穴浇稳苗水，用土填平定植穴。定植后扣小拱棚，株距 70 厘米，每亩定植 450 株左右。最好在当天 14 时以前结束，以便早扣棚提温，避免夜间冷害，定植时应随定植随扣棚，并立即将棚四周压实封严；浇定植水要适量，因浇水过大会引起地温下降，不利于缓苗，一般以能浸湿透瓜苗所带的土块及定植穴周围的土即可。

4. 定植后的管理 如果扣棚前期外界气温低，管理上应以防寒保温为主；后期外界气温升高，管理上应以放风降温、防止烤苗为主。一般在定植后 4 ～ 5 天不放风，以提高地温和气温，白天棚内气温要求控制在 30℃左右，温度过高，瓜苗发生萎蔫时，要对小拱棚进行遮阴降温，可在拱棚上盖草苫或草、秸秆等物，不可通风降温以免风吹到瓜苗上加重萎蔫；夜间温度要求保持在 15℃左右，最低不低于 5℃，温度偏低时，应要拱棚上加盖一层薄膜或纸被、草苫、秸秆、干草等保温。随着天气变暖应开始逐渐通风，放风口应设在背风面，由小到大、由少变多，并且位置应经常变换。若遇长期阴雨，棚内湿度大时容易发生病害，应适当放风换气。当外界平均气温在 15℃以上时，白天可将拱棚两侧揭开通风，夜间盖好；当外界气温稳定在 18℃时，即可把小拱棚拆去，只剩一层地膜覆盖。但是春季气温多变，有时撤后还有阴雨或低温，可以重新把棚膜放下，等到果实坐齐后再撤除小拱棚（图 6–13）。

图 6–13 撤除小拱棚

5. 整枝理蔓 早熟或中熟品种多采用小拱棚双覆盖栽培，实行密植。整枝方式一般以单蔓整枝和双蔓整枝为主。单蔓整枝只留主蔓，双蔓整枝保留主蔓和主蔓基部伸出的一个健壮侧蔓，将其他侧蔓去掉。整枝工作结合大通风进行。由于棚内空间小，所以在密植情况下，应及时打杈，一般当侧蔓长至 10 ~ 15 厘米时打杈最好，不宜过早。但若超过 20 厘米时，侧蔓已变老，打杈时易伤及主蔓。打杈时应结合去掉卷须，防止瓜蔓之间互相缠绕，影响理蔓和压蔓。

初期的理蔓工作只须将瓜蔓引向可以伸展的地方即可，或顺畦向同方向理蔓（图 6-14）。当外界气温上升，可把瓜蔓引出拱棚时，或撤去拱棚以后，应及时将瓜蔓引出，均匀排列在瓜田中。在引蔓的同时，要进行压蔓，一般采用明压，用“∧”形树杈固定瓜蔓即可，以防风害。

图 6-14　顺畦向同方向理蔓

6. 授粉及选瓜留瓜

1）授粉　小拱棚双覆盖栽培西瓜开花时，外界气温还比较低，昆虫活动少，棚内更缺乏传粉的昆虫，因此，必须进行人工辅助授粉，才能确保坐瓜。

2）选瓜留瓜　小拱棚栽培的选留瓜方法是：一看坐瓜的节位，一般要求选留第二、第三雌花结的瓜。二看主侧蔓，一般优先选留主蔓上的瓜，只有当主蔓上无瓜可留或幼瓜质量很差时才选留侧蔓上的瓜。三看瓜的形状，要选留色泽明亮、瓜形端正的瓜，不留畸形瓜。四是看幼瓜是否受病虫危害，要选无病虫害和机械损伤的瓜留下。选留瓜的时间一般在果实褪毛时进行。

7. 肥水管理

1）施肥　小拱棚双覆盖栽培的西瓜视苗情可进行 2 ~ 3 次追肥。第一次追肥应在撤棚或引蔓出棚前夕进行，采用沟施法，在距瓜苗定植穴 60 ~ 100 厘米处开沟，每亩施腐熟饼肥 40 ~ 50 千克、三元复合肥 15 千克。施肥后耧划一遍，然后盖土封沟，随后灌水。此次追肥正值西瓜即将开花之时，应特别慎重，若瓜苗长势旺盛，没有缺肥迹象，可不进行追肥，以免营养生长过旺，影响坐果。第二次是追施果实膨大肥，肥料种类和数量参照“地膜覆盖栽培”的有关部分。欲留二茬瓜时，还应在第一茬瓜采收前 2 ~ 3 天再追一次肥，以促进二茬瓜膨大。

2）浇水 小拱棚双覆盖栽培在土壤底水足、保水性好的情况下，在扣棚期间不浇水，在引蔓前后结合追肥浇一次水。若土壤底墒不足、保水性差时，可在第一次追肥前浇一次水。幼果坐稳后开始浇果实膨大水，以后每隔 7 ~ 10 天浇 1 次，采收前 10 天停止灌水。

（三）大棚西瓜早熟栽培

1. 品种选择 大棚栽培用的西瓜大多选用早熟或中早熟品种，以提早结瓜和上市。选用大棚用西瓜品种时，还应考虑以下几点：一是由大棚内的环境条件与露地相比，一般光照较弱，早春栽培时温度较低、湿度较大，易生病害，所以，大棚栽培的西瓜品种应具有低温生长性和结果性好、耐潮湿、抗病等特点。二是在一些生产规模较大的西瓜产地，要适当安排种植一些“新、奇、特”和高档品种，以增加花色品种、拓宽销路、提高销售价格、提高效益。

2. 播种期的确定 大棚西瓜属于完全保护栽培，瓜苗无露地栽培所存在的风吹、干旱等的影响，也无小拱棚栽培的昼夜大温差的影响，瓜苗定植后容易成活，缓苗也较快。为提早上市，早春大棚多采用多层覆盖促早栽培，一般 12 月中下旬育苗，2 月上中旬定植，4 月下旬或 5 月上旬采收。

3. 整地、施肥、做畦

1）整地与施肥 定植前要求深翻地，一般要求深翻 30 厘米以上，为根的深扎创造一个疏松的土壤环境。大棚内浇水次数少，追肥不方便，要求多施基肥（图6-15），每亩基肥用量 5 000 千克左右的有机肥，外加三元复合肥 80 ~ 100 千克，或磷肥 80 千克、钾肥 30 千克、氮肥 30 ~ 40 千克。把有机肥的 1/3 结合翻地时全面撒施，剩余的有机肥料和化肥在瓜行处开沟集中施肥。

图 6-15　施基肥

2）做畦　做成高畦成垄畦，瓜畦沿棚的长向做成长畦。为节省地膜、小拱棚和草苫的用量，大棚西瓜畦最好做成宽畦，将来采用大、小行定植瓜苗（图 6-16）。

图 6-16　做畦

4. 定植

1）定植时间　棚内的平均气温稳定在 15℃以上，凌晨最低气温不低于 5℃，10 厘米地温稳定在 12℃以上。一般华北大部分地区采用单棚栽培时，以 3 月中下旬定植为宜；如采用大棚内套小拱棚栽培形式，可于 3 月上中旬定植；如在小拱棚上再加盖草苫，可于 2 月下旬定植。

2）定植密度 大棚西瓜生长快，瓜秧较大，瓜田封垄早，西瓜的种植密度不要太大。爬地栽培采用双蔓或三蔓整枝时，早熟品种以每亩 1 000 株左右为宜，中、晚熟品种以每亩 500 ~ 800 株为宜。

大棚西瓜多用大苗定植，容易伤根，要注意保护根系；大棚中部的温度最高，要把小苗和弱苗栽到大棚中部。大苗和壮苗要栽到温度偏低的四边，以利于整棚瓜苗的整齐生长。

5. 定植后的管理

1）温度管理 在瓜苗缓苗期里，白天的温度要保持在 30℃左右，夜间温度 15℃左右，最低不低于 8℃。夜间温度偏低时，要增加保温措施。如白天温度偏高，瓜苗也容易发生萎蔫，可向叶面喷水，并适当降温。

缓苗期后进入发棵期，在管理上要采取蹲苗措施，此时大棚的温度也要相应降低，白天气温控制在 22 ~ 25℃，夜间气温 10℃以上，10 厘米地温保持在 15℃以上。进入开花阶段，要相应提高温度，白天温度保持在 30℃左右，夜间温度不低于 15℃，否则瓜秧将坐瓜不良。

第一个瓜开始膨大后，外界气温已升高，棚内温度也较高，要适时放风降温，把棚内气温控制在 35℃以下，但夜间仍要保持适当高的温度，要求不低于 18℃。

2）湿度管理 大棚内湿度较高，在密闭的情况下，白天可达 80% ~ 90%，夜间可达 100%。湿度大的最大害处就是引发病害。降低棚内湿度的方法有：①采用地膜覆盖地面，用来阻止地面水分的蒸发，降低空气相对湿度；②减少灌水量，采用沟灌、滴灌的方法进行灌溉；③通风排湿，在晴天温度高时及时通风，在阴雨天也应选择合适的时候进行适当通风。

3）光照的调节 大棚内温度的提高主要靠光照，西瓜植株的健壮生长也离不开充足的光照。影响棚内光照强弱的主要因素有塑料薄膜的透光率、覆盖层数和棚内湿度的大小。为增加棚内的光照，可采用以下措施：①保持棚膜表面清洁。棚膜表面容易吸附灰尘而降低透光率，据测试，由于膜面染尘，新膜使用 2 天后，透光率的绝对值下降 14.3%；使用 10 天后，降低 25%，可见保持膜面清洁，对提高棚内光照的重要性。②消除或减少棚膜内面的水滴，可采用无滴膜、棚内地面全部覆盖地膜、通风排湿以降低棚内空气湿度等方法来减少或消除棚膜内面的水滴。③增加棚内的反射光量，可通过全棚覆盖地膜，立柱涂白或包缠反光膜等措施来增加反射光量。④人工补光，遇上阴雨天时，可进行棚内人工补充，方法是在每两排立柱间拉一道电线，在线上每 3 ～ 5 米远接 1 个灯口，灯口距棚膜 50 米左右，用功率 100 ～ 200 瓦的灯泡进行照明。

4）气体的调节 在密闭的大棚内，往往造成毒气的积累，浓度大时会引起西瓜植株受害，并危害操作人员的身体健康。大棚内的有害气体主要有：肥料分解过程中产生的氨气（NH_3）、二氧化氮（NO_2），塑料制品所产生的毒害气，还有大棚附近工厂等浸入的亚硫酸气等。当氨气浓度超过二十万分之一时，西瓜便会受害，叶缘逐渐变为褐色，以至枯死。为了防止氮气危害，设施内应避免施用未腐熟的厩肥、鸡粪、人粪等有机肥和硫酸铵、碳酸铵等化肥，施肥后应及时覆土、浇水，同时还应及时通风。

6. 整枝压蔓 大棚西瓜生长快、长势强、茎蔓粗大，叶多而大，容易互相遮阴，留蔓不宜太多。用早熟品种进行密植栽培时，应采用单蔓式或双蔓式整枝，用中熟或晚熟品种进行高产栽培时，应按双蔓或三蔓式进行整枝。

大棚西瓜一般不会发生风害，西瓜压蔓主要是为了使瓜蔓均匀分布，防止互相缠绕（图 6-17）。在压蔓方法上，以明压为主，可采用细绳进行压蔓，但如果瓜蔓发生旺长，不利于坐瓜时，仍需采用暗压法进行调节控制。

采用大棚内加小拱棚的栽培方式时，小拱棚应在瓜蔓已较长、相互缠绕前拆除。

图 6-17 大棚西瓜压蔓

7. 授粉和留瓜 大棚西瓜开花坐果时，外界气温还比较低，昆虫活动很少，再加上大棚是一个密闭的环境，昆虫难以进入，所以，为了确保坐瓜，必须进行人工授粉，具体方法参照地膜覆盖栽培的有关部分，大棚西瓜的留瓜方法与小拱棚栽培基本一致，可参照进行。

8. 肥水管理

1）追肥 施足基肥时，如瓜秧无缺肥迹象，坐瓜前可不追肥，否则就应在伸蔓初期追一次肥。坐稳瓜以后应及时追肥，结合浇水，每亩冲施三元复合肥 30 千克左右，或尿素 20 千克，硫酸钾 15 千克。果实膨大盛期再冲施肥 1 次，亩冲施尿素 10 ~ 15 千克，保秧防衰，为结二茬瓜打下基础。头茬瓜采收、二茬瓜坐瓜后，结合浇水再冲施肥 1 次，每亩冲施尿素 10 ~ 15 千克、硫酸钾 5 ~ 10 千克，同时叶面追肥 1 ~ 2 次。

2）浇水 一般缓苗后，浇一次缓苗水，之后如土壤保水性好时，到坐瓜前应停止浇水，如土壤墒情不好，土壤保水能力差时，应在瓜蔓长到 30 ~ 40 厘米长时，轻浇一水，以防坐瓜期缺水。坐稳瓜后，要及时浇果实膨大水，果实进入迅速膨大期后，再浇 1 ~ 2 水，每次要浇足。果实“定个”以后停止浇水。二茬瓜坐瓜后，连浇 2 ~ 4 次水，收瓜前一周停止浇水。

9. 选留二茬瓜 大棚西瓜的早熟栽培，由于第一茬瓜收获较早，收获后较长一段时间内天气条件仍然很适宜西瓜的生长和果实发育（图 6-18）。同时在第一茬瓜收后蔓叶仍很强旺，只要管理适当，可继续结果，这就为生产二茬西瓜创造了条件。大棚西瓜一般在 5 月中下旬收获，可在头茬瓜采收前 10 ~ 15 天，于生长健壮的侧蔓上及时选留二茬瓜，若侧蔓上没有雌花可留，可在根部安排预留 1 个侧蔓，从 2、

图 6-18　大棚西瓜的早熟栽培

3 雌花处留瓜。

为了保证二茬瓜生产成功，必须注意保护西瓜蔓叶，防止早衰，使其在头茬瓜采收时仍然健壮生长，保证有足够的功能叶片供给二茬瓜发育所需的养分。为此，生产二茬瓜的瓜田应及时进行田间打药，防治西瓜叶部病虫害。如发现严重中心病株，要及时拔除。在田间管理和采收头茬瓜作业中注意不损伤蔓叶。同时还要防止因头茬瓜发育消耗养分和脱肥而导致植株早衰，可在头茬瓜生长期间施足肥料的基础上，定期进行叶面追肥。可每隔 7 天喷一次 0.2% 磷酸二氢钾，也可将病虫害防治与叶面追肥结合起来进行。为防止脱肥，可在第一茬采收前 2 ～ 3 天每公顷施三元复合肥 15 千克，并结合浇水，以促进二茬瓜的膨大。此外，还应在头茬瓜采收后，及时清除田间杂草和病枯蔓叶，掐去龙头，保持田间良好的通风透气环境，为二茬瓜的发育创造良好的条件。

（四）设施小果型西瓜早熟栽培

1. 栽培季节 目前小果型西瓜的种植面积比较小，商品价值比较高，所以一般多采用保护地栽培。采用塑料大棚早春栽培时，一般在 1 月下旬至 2 月上旬播种育苗，2 月下旬至 3 月上旬大棚定植大苗（3 叶 1 心）。过早播种，采收期虽可相应提早，但苗期较长，在 1 年中气温最低、光照严重不足的条件下，幼苗生长过弱，雌花蕾小，雄花发育不良，早期果型小，因而早期产量不高，同时，早期保温、增光十分困难，盲目早播成功把握不大。但播种期过迟，则不能充分利用 3 ～ 5 月的有利气候条件，影响产量和品质，早熟栽培效益不明显。

2. 品种选择 以促进提早上市，抢占早春市场，保证品质，提高效益为主要目的，栽培品种的选择应以早熟、优质、高产、抗病和耐低温弱光为主，最好选用单果重在 1.5 ～ 2.5 千克的薄皮品种，有利于市场销售。

3. 整地、施肥、做畦 应选择地下水位高、土壤疏松肥沃、排灌方便、交通便利，多年未种瓜、交通便利的地块种植小果型西瓜。瓜地通常在前茬作物收获后进行深翻冻垡，定植前 15 天左右开始整地施肥，小果型西瓜的需肥量比普通西瓜要少，一般自根栽培时，施肥量为普通西瓜施肥量的 70% ～ 80%；嫁接栽培时，施肥量为普通西瓜施肥量的 50% ～ 60%。施肥方法同普通西瓜。施肥后开始做畦，大棚、中棚栽培时一般采用高畦，畦面宽 1.8 ～ 2.0 米，小拱棚栽培时做畦方法参见“小拱棚双覆盖栽培”部分。瓜畦做好后覆盖地膜，并扣好大棚、中棚和小棚的棚膜，以便提高地温，有利于定植后尽快缓苗。

4. 定植 小果型西瓜应适时定植：定植过早，由于温度低，瓜苗生长缓慢，而且容易受到冷害和冻害；定植过晚，则果实成熟也晚，削弱了早熟栽培的作用。一般当 10 厘米深土壤的温度稳定通过 12℃，棚内日平均气温稳定通过 15℃，凌晨最低气温不低于 5℃即可定植。

定植应选晴天进行。定植前 1 周，加强苗床通风，气温可降至 8 ~ 10℃，以提高幼苗适应性，并结合分级选苗，移动苗钵位置进行蹲苗，抑制地上部分生长，促进发根，严格淘汰弱苗、僵苗、不良苗。定植的具体操作方法与普通西瓜相同。定植时大棚和中棚的棚膜不用揭开，小拱棚的棚膜要揭开，定植后及时盖上，尽快提高棚内的温度。

由于小果型西瓜开花初期雄花的花粉少，为了促进坐果，最好种植一小部分普通的早熟西瓜（开花一定要早）作为授粉品种。

5. 田间管理

1）温度管理 缓苗期需较高的棚温，白天维持在 30℃左右，夜间 15℃左右，最低不低于 10℃，地温维持 15℃以上。缓苗后至开始伸蔓期间，白天保持 22 ~ 25℃，超过 30℃时应放风，夜间气温保持在 12℃以上，10 厘米土层温度 15℃。伸蔓期白天维持在 25 ~ 28℃，夜间维持在 15℃以上；开花坐果期则需要较高的温度，白天维持在 30 ~ 32℃，夜间相应提高，以有利于授粉、受精，促进果实的生长。

调节棚内温度主要是通过增加和减少覆盖层数以及控制放风口的数量和大小的方法来进行。一般在前期温度低时夜间要加盖草苫，日出后揭除。采用大棚加小拱棚两层棚膜覆盖时：上午当小拱棚内的温度超过要求的温度时，应把小拱棚的棚膜揭开，使幼苗在大棚的环境下生长，一般缓苗期不需要揭开大棚放风；下午温度降低时盖上小拱棚，临日落时盖上草苫。发棵期除揭开小拱棚外，还应该扒开大棚的通风口进行通风。通风不仅是调控温度的重要手段，而且是降低空气相对湿度，提高透光率，补充棚内二氧化碳含量，提高光合作用的重要手段，故从发棵期开始大棚就应该进行通风，并逐渐加大通风量。随着外界温度的提高和瓜蔓的伸长，应逐步减少覆膜层次，首先夜间可不覆盖草苫，当 10 厘米深土壤的温度稳定通过 12℃，日平均气温稳定通过 15℃时，凌晨最低气温不低于 5℃可拆除小拱棚。

2）光照管理　由于西瓜是喜光作物，在覆盖栽培时必须加强光照管理，增加光照强度和光照时间，满足西瓜生长发育的需要。增加光照强度和光照时间的措施有：①在温度允许的情况下，草苫应尽可能早揭晚盖以延长光照时间，白天大棚内的覆盖层数应尽可能减少以增加透光率。②在温度允许的情况下，应及时通风，降低棚内的湿度，减少或消除棚膜上凝结的水珠，提高棚膜的透光率，有条件的地方最好使用无滴膜。此外还应经常清洗棚膜，保持棚膜的洁净。③实行全园覆膜，利用地膜对光照的反射作用提高光照强度。

6. 肥水管理　小果型西瓜果皮很薄，浇水不当容易造成裂果。水分管理时切忌过分干旱后突然浇大水，引起土壤水分的急剧变化而加重裂果，应保持土壤水分持续而稳定的供应。

在施足基肥、浇足底水、重施长效有机肥的基础上，头茬瓜采收前原则上不施肥，不浇水。若表现水分不足，应于果实膨大前适当补充水分。在头茬瓜大部分采收后第二茬瓜开始膨大时应进行追肥，以钾、氮肥为主，同时补充部分磷肥，每亩施三元复合肥 50 千克，于根的外围开沟撒施，施后覆土浇水。第二茬瓜大部分采收，第三茬瓜开始膨大时，按前次用量和施肥方法追肥，并适当增加浇水次数。由于植株上挂有不同茬次的果实，而植株自身对水分和养分的分配调节能力较强，因此裂果现象减轻。

7. 整枝理蔓　小果型西瓜一般采用吊蔓栽培，合理整枝可使养分相对集中，瓜蔓生长粗壮，不仅有利于坐果和增大果型，还有利于增大叶片，提高叶片的质量，延长叶片的寿命，增强光合效能。整枝方法分单蔓整枝和双蔓整枝。

1）单蔓整枝　幼苗不摘心，保留一条主蔓向上生长，摘除其他侧蔓，主蔓始终保持顶端优势，结果较早，更便于田间管理，但由于各蔓间长势参差不齐，开花授粉时间不一，因此，果实间成熟的一致性差（图 6-19）。

图 6-19　单蔓整枝

2）双蔓整枝　幼苗应在 6 片真叶时进行摘心，摘心后留

图 6-20　双蔓整枝

一条主蔓和一条健壮侧蔓，使其平行生长向垄两侧呈“V”字形吊蔓，摘除其余子蔓及坐果前子蔓上发生的孙蔓（图 6-20）。一般开花时间和坐果位置相近，可望同时结果，果形圆整，商品率高。选晴天下午及时整枝打杈，这样可能更符合小果型西瓜的生长和结果特点，同时也节省了种子。

吊蔓后及时进行打杈，10 节以下的瓜杈全部打掉。坐瓜枝在看到瓜胎后及时打顶。整枝打杈应在晴天温度较高的时间进行整枝摘下的枝条茎叶应随时带出大棚，阴雨天气不整枝打杈。

为充分利用棚室空间，也可采用一半蔓整枝的方式，即选留两个生长相近的子蔓平行生长，将一条子蔓用塑料绳吊起，另一条子蔓在地上匍匐，将其顺到垄上（图 6-21）。

图 6-21　一半蔓整枝

8. 促进坐果

1）人工辅助授粉 小西瓜雌花开放时，进行人工辅助授粉可提高坐果率，特别在前期低温弱光条件下，部分品种在不良气候条件下雌花发育不良，花粉发育不完全，可以采用普通早熟西瓜品种作为授粉品种进行人工辅助授粉，以利于结果（图 6-22）。

图 6-22 人工辅助授粉

2）使用激素促进坐果 在连续阴雨或无其他西瓜花授粉时，可使用激素促进坐果。使用激素时应正确掌握其浓度和处理方法，如喷布不均匀，容易引起畸形果、裂果；用量过大，易出现僵果；激素浓度不够，则果型较小。因此使用激素促进坐果时，应严格按照产品说明所要求的使用浓度、使用方法和使用时间进行使用。

3）蜜蜂授粉 一般提前 5~7 天放进大棚内，蜂箱放在大棚偏北 1/3 处，离地高 50 厘米（图 6-23）。在蜂箱前 1 米的地方放 1 个碟子或盘子，在碟子里放置一些草秆或小树枝等，供蜜蜂攀附，以防蜜蜂溺水死亡，同时放入白砂糖糖浆。授粉期间禁止使用杀虫剂。

图 6-23 蜜蜂授粉

9. 选留果 小果型西瓜不论是主蔓还是侧蔓，以第二雌花留果为宜（图 6-24）。此外，可根据植株的生长势留果，生长势旺时，可利用低节位雌花留果；相反，则推迟留果节位。至于留果数目，同一茬瓜留瓜愈多，果型愈小，果型整齐度差，一般以留 2 ～ 3 个果为宜，坐果多时应适当疏果，当头茬瓜生长 10 ～ 15 天以后留二茬瓜。在幼果重达到 0.3 ～ 0.5 千克时即可进行吊瓜，实施网袋套瓜并将网袋吊起来即可（图 6-25）。

图 6-24 留果

图 6-25 吊瓜

10. 采收 小果型西瓜果型小，从雌花开放至果实成熟时间较短，在适温条件下较普通西瓜早 7 ～ 8 天，约需 25 天。在早熟栽培果实发育期，气温较低，头茬瓜（4 月前）需 41 ～ 42 天，二茬瓜（5 月中旬前）需 30 天左右，而第三茬瓜（6 月以后）需 22 ～ 25 天。采收前的气候条件及成熟度与瓜的品质有关，温度高、光照充足，成熟度好，则瓜的品质优良；反之则品质下降。采前白天温度应控制在 35℃，夜间通风，温度控制在 20 ～ 25℃，西瓜的品质好。果实的成熟度根据开花后天数推算，并可剖瓜试样确定。适当提前采收，可减轻植株负担，有利于瓜的生长及下一茬瓜的膨大，以增加产量（图 6-26）。

图 6-26 小果型西瓜采收

11. 小果型西瓜裂果的防止　小果型西瓜果皮薄，容易裂果，造成商品率低、商品性下降，是发展小果型西瓜的主要障碍。为了防止裂果，应该采取以下措施：①选择果皮坚硬、不易裂果的品种，如黑美人、春光等。②实行多蔓整枝，缓和植株的生长势。③利用设施防雨，防止雨水进入瓜田，以免引起裂果（图 6-27）。西瓜生长后期雨水多的地区，小棚覆盖应增大覆盖的跨度，实行全期覆盖进行防雨。夏秋栽培时尽管温度适宜，亦应覆盖防雨。④加强水分管理。土壤含水率骤然变化是导致小果型西瓜裂果的主要原因，故一般在施足基肥、浇足底水的基础上不施肥、不浇水。若发现缺水，在果实膨大前或果实膨大前期适当浇水，待头批瓜多数采收后，加强肥水管理。⑤增施磷、钾肥，可以增强果皮韧性。

图 6-27　裂果

（五）露地西瓜秋季延后栽培

1. 栽培季节　秋季延后栽培一般指的是 7 月播种，10 月收获上市的西瓜。从栽培条件方面看，该时期前期高温、高湿、多雨，病虫害较重，对西瓜生长不利；后期雨水少，光照好，昼夜温差大，有利于西瓜果实糖分积累，提高品质。从市场消费方面看，此时正是我国传统的节日中秋节和国庆节前后，空气干燥，气温较高，人们对西瓜的需求量仍然较大，市场瓜价较高，因此，适当发展西瓜延后栽培，不仅能够很好地解决 8 ~ 9 月的市场需要，丰富节日市场供应，而且也便于储藏销售，经济效益十分可观。

2. 品种选择 秋季延后栽培的西瓜生育期较短，前期高温、高湿、昼夜温差小，后期常遇低温阴雨天气，气候条件多变，对品种的要求严格，栽培时宜选用优质、高产且耐高温、高湿、雌花分化好易坐果、果皮较韧耐储运和抗病性强的早熟或中熟品种。

3. 整地做畦

1）做畦 秋季延后栽培的西瓜考虑到前期的排涝问题，除注意选择地势高燥、土质肥沃、排灌方便的地块外，还必须采用起垄或开沟栽培。栽培的形式主要有以下几种：

（1）单行栽培 宜采用小高垄栽培，一般垄高 15 ~ 20 厘米，垄底宽 50 厘米，垄面宽 15 厘米（图 6-28）。株行距可采用 0.5 米 ×1.5 米或 0.4 米 ×1.7 米。

图 6-28 单行栽培

（2）双行栽培 宜采用小高畦，畦高 15 ~ 20 厘米，上宽为 50 厘米，下宽为 60 ~ 80 厘米，一般株行距为 0.5 米 ×3 米或 0.4 米 ×3.5 米，两行西瓜分别向相反方向爬蔓（图 6-29）。

图 6-29　双行栽培

（3）宽高畦栽培　畦宽 3.5 ~ 4.0 米，畦间有水沟，深 15 ~ 20 厘米，宽 0.3 ~ 0.5 米，沟两边各栽一行西瓜，株距 0.4 ~ 0.5 米，分别朝相反方向爬蔓（图 6-30）。

图 6-30　宽高畦栽培

2）**土壤消毒**　秋季延后栽培的西瓜适逢各种病虫害的多发期，如枯萎病、炭疽病、病毒病、根线虫等易发生和流行。其中枯萎病、根线虫均为土壤传播的病虫害，一旦发病，地上部防治很难奏效，最简便、有效的办法就是进行土壤消毒（图 6-31）。土壤消毒一般在播种或定植前进行，也可结合土壤耕翻进行。防止西瓜枯萎病土壤消毒常用的药剂有 800 倍液，瓜田撒施每亩用 70% 的甲基硫菌灵可湿性粉剂 600 倍液，灌穴或喷洒种植行土壤，也可以 1：100 的药、土比例配成药土，每亩用药量 1 ~ 1.5 千克，施入定植穴内或播种穴周围。

图 6-31　土壤消毒

4. 直播或育苗移栽

1）直播保苗

（1）播期选择　西瓜延后栽培的前期气温较高，其生长发育的速度很快，从播种到开花坐果需 30 ~ 40 天，果实发育需 30 天左右，全生育期 80 天左右。后期随着温度的下降，其生长发育的速度渐缓，若栽培过晚，低温会影响其果实发育，产量和品质也随之降低。因此，在播期上应根据西瓜对温度的要求和西瓜上市供应的时间来综合考虑。西瓜果实生长期最适宜温度为 18 ~ 32℃，低于 15℃则生长停滞，此间较大的昼夜温差和充足的光照有利于果实膨大和内部糖分的积累。华北地区 8 月下旬至 9 月下旬天气一般以晴为主，日照充足，昼夜温差大，温度在 16 ~ 25℃，可以满足果实膨大期的需要。另外，从市场销售情况看，国庆节前后需要量大，价格高。因此，在播期安排上，尽量使西瓜的果实发育期处在 9 月这段气候条件良好的季节。据试验，秋栽西瓜早熟品种需要积温 1 650 ~ 1 880℃，中熟品种需要积温2 000 ～ 2 150℃。故郑杂5号、早花等早熟品种可在7月中下旬播种，而少籽冠龙等中熟品种7月上旬播为宜。播种过早，开花坐果期遇高温多雨，难以坐果，且易受病虫危害；播种过晚，果实膨大期阴雨，不利于果实成熟，影响西瓜产量及品质。

（2）播种和出苗期管理　播种时西瓜种子要用50%多菌灵可湿性粉剂800倍液浸种消毒10 ～ 15分，然后捞出洗净再浸种催芽。种子“露白”后采用点播法播种，即用瓜铲开一深2 ～ 3厘米的播种穴，点水后播入2粒种子覆土封穴，厚度2厘米左右，为了补苗方便，2粒种子要分开一段距离播。

影响西瓜延后栽培出苗的主要因素是温度高和湿度小，为了防止幼苗出土时的高温失水或灼伤，还必须进行地膜覆盖。地膜的种类可选用银灰色或黑色，采用白色地膜时必须进行盖草或覆土遮阳降温。出苗后要及时进行掏苗、间苗、补苗、清除幼苗周围杂草，如果长时间干旱，还应在植株一侧15厘米处开沟浇水，并结合浇水施入少量速效化肥。

2）定植和覆盖地膜

（1）定植　秋季延后栽培的西瓜，定植适宜苗龄是15天左右，定植时以幼苗3叶1心为宜。北方地区天气多变，总的趋势是雨量大，阴雨天多，有时则会出现雨后骤晴、强光照晒的天气。定植过早，幼苗易遭受病虫危害，尤其是容易由蚜虫传播而感染病毒病，使植株生长不良，难以坐果和取得高产；定植过晚，苗子大，移栽时伤根重，缓苗期长，加之后期温度渐低，生育速度减缓，难以保证果实成熟。

（2）覆盖地膜　秋延后栽培在定植时要覆盖地膜进行保护。一般在下午开穴，移苗定植，点浇定植水，第二天上午覆盖地膜，或先盖膜后打孔定植，选择地膜同直播。这样既可提温保墒，又能驱蚜防病。

5. 肥水管理

1）肥料管理　秋延迟栽培西瓜的生育期短，对肥料要求集中，因此基肥和追肥的施用均要求以速效肥料为主，氮、磷、钾肥适当配合，足量供应。基肥一般于整地时施用，每亩施腐熟的饼肥75 ～ 100千克，过磷酸钙30 ～ 40千克，或氮、磷、钾三元复合肥40 ～ 50千克。

植株伸蔓以后，需肥量增加，结合中耕追施伸蔓肥，每亩施腐熟饼肥30 ～ 40千克，尿素5 ～ 7.5千克，或三元复合肥15 ～ 20千克，这是一次关键性的追肥。

伸蔓后期至坐果以前少施追肥，尤其要控制氮肥的施用量，适量追施磷、钾肥或叶面喷施磷酸二氢钾，以利坐果和防止植株徒长。

当幼果坐稳长至鸡蛋大小时，要及时追施果实膨大肥。每亩追施磷酸二铵15 ~ 20千克、硫酸钾5 ~ 7.5千克，或三元复合肥20 ~ 25千克、尿素10千克。还可结合防治病虫喷洒0.2% ~ 0.3%的磷酸二氢钾以提高品质。

2）水分管理 秋季延后栽培西瓜生长期间常遇高温干旱，而植株蒸腾量大，为减少高温干旱的影响，应注意及时灌溉，特别是在雌花开放前后和果实膨大期，对水分反应十分敏感，如果缺水，则秧蔓表现为先端嫩叶变细，叶色变为灰绿色，中午植株叶片萎蔫下垂。如果开花坐果期缺水，则受精过程难以进行，造成子房脱落；果实膨大期缺水，则瓜个小，产量低，品质差。生长前期干旱缺水，还容易诱发病毒病，使植株失去坐果能力。因此一旦出现缺水症状时，应及时浇水，保证植株正常生长。前期温度较高时，浇水宜在早晨和傍晚进行，浇水量以离垄面5 ~ 8厘米为宜，浇后多余的水立即排除，以保持畦面干燥，切忌大水漫灌。进入果实膨大期后，气温渐低，浇水宜在中午前后时进行，水量不宜过大，可以小水勤浇。

6. 整枝打杈 秋季延后栽培以采用双蔓整枝法为好，即每株只保留主蔓和主蔓基部一条健壮的侧蔓。在西瓜植株生长的前期，即从团棵到坐果前这段时间，正处在高温、高湿的条件下，植株茎叶生长旺盛，易发生徒长，侧枝大量萌生，因此，双蔓整枝后，主蔓和所保留的侧蔓上叶腋内萌发的枝杈应及时打掉，保持田间适宜的群体营养面积，改善通风透光条件，控制植株营养生长，以保证坐果。秋季延后栽培的后期，也就是从幼瓜坐住到果实成熟期，气温开始下降，光照减弱，容易导致植株早衰，此期应尽量保持较大的营养面积。坐果后一般不再整枝，保留叶腋内长出的所有枝杈。为防止茎叶过分荫蔽而影响果实成熟，可将遮住果实的枝杈打掉或拨开，使果实露出，充分见光，有利于果实的膨大和内部糖分的积累，另外果皮着色亦好。

秋延后西瓜坐果后，若发现植株生长过旺，应把坐果的茎蔓在幼果前留10片叶打顶。若仍有徒长现象，则须把另一条茎蔓多留几片叶，将顶端5 ~ 8厘米长的顶心掐掉。这样既可以减少各种病虫害的发生，又能防止植株早衰，提高光合生产率，使养分集中向果实运输，促进果实膨大。

7. 护瓜保熟

1）授粉 秋季延后栽培的西瓜雌花分化较晚，节位较高且间隔较大，不易坐果。如遇不利天气，则会推迟坐果时间，从而影响产量。要想在理想的节位上坐住果，必须进行人工辅助授粉、坐瓜灵处理和掐蔓摘心等其他管理。坐瓜灵处理是在雌花开放前后，用坐瓜灵液涂抹果柄；在雌花开放阶段，若植株徒长而不易坐果，可在雌花前边 3 ～ 5 叶处把茎捏劈，也可以进行摘心控制营养生长，促进生殖生长。

2）覆盖小拱棚保温 秋延后西瓜进入结果期后，气温逐渐下降，华北地区一般 9 月下旬外界气温降至 20℃以下，不利于西瓜果实的膨大和内部糖分的积累，必须进行覆盖保护。覆盖形式多采用小拱棚覆盖，小拱棚高 40 ～ 50 厘米，宽 1 米左右，采用厚度为 0.07 ～ 0.1 毫米、幅宽 1.5 米的农用薄膜，也可用厚度 0.05 毫米的地膜。覆盖前，先进行曲蔓，即把西瓜秧蔓向后盘绕，使其伸展长度不超过 1 米，然后在植株前后两侧插好拱条，每隔 80 厘米左右插一根，将薄膜盖好，四周用土压严。覆盖前，晴天上午外界气温升至 25℃以上时，将薄膜背风的一侧揭开通风，16 时左右再盖好；覆盖后期只在晴天中午小通风，直到昼夜不通风，保持较高的温度，促进果实成熟。

8. 防治病虫害 秋季延后栽培的西瓜正处在非常不良的气候条件下，最容易遭受各种病虫危害。前期如遇高温干旱极易感染病毒病，植株茎叶生长畸形，失去坐果能力；而在高温高湿的情况下则易感染真菌性的病害，如白粉病、霜霉病等，降低叶片的光合功能；多雨、阵风天气容易感染炭疽病及疫病，同时也容易发生蚜虫、蓟马、红蜘蛛等害虫。对各种病虫害的防治应以预防为主，加强栽培管理，采取综合措施。除适时整枝打杈，合理施肥浇水外，一旦发现病虫害时，即应及时进行防治。

（六）日光温室西瓜栽培

1. 栽培季节 一般来说，日光温室西瓜的上市期应安排在当地秋季延迟西瓜的储存供应期之后和春季塑料大棚西瓜上市之前（图 6-32）。如要求西瓜在春节前后上市供应，播种期应在 10 月下旬；如要求西瓜早春上市，播种期应在 12 月上旬前后。

图6-32　日光温室西瓜栽培

2. 品种选择　应选择适应能力强，特别是在低温、弱光和潮湿的环境里容易坐果且果型端正、品质好，抗病性强，以及叶片的大小和开展度较小，适合密植的西瓜品种。

3. 施肥、做畦和定植

1）施肥　由于日光温室西瓜在整个生长期间棚温偏低，棚内湿度大，浇水很少，不便于追肥，所以整地时应施足基肥。可按每亩施普通农家肥 5 000 千克以上，外加饼肥 150~200 千克、复合肥 30 千克。

2）做畦　瓜畦一般做在两根立柱中间（两根立柱的间距一般为 3~3.6 米），畦面宽 60 厘米左右，畦高 15 厘米左右，瓜畦南北延长，畦上栽两行瓜苗，瓜苗伸蔓后，分别向东、西两边爬。

3）定植　日光温室西瓜定植时应注意以下几点：①要适当早定植（一方面是指定植时间要早一些，特别是秋冬茬西瓜栽培，要适当提早定植，以使瓜苗在低温期到来之前缓苗；另一方面是指定植时瓜苗不宜太大，以两片真叶前后定植为宜）。②要合理密植，每畦栽两行瓜，小行距 30 厘米，株距 40 厘米。③要选在晴天上午栽苗，定植后要覆盖地膜。

4. 定植后的管理

1）温度管理　日光温室内的温度变化很有规律，在华北大部分地区，冬季晴天时的最高气温可达 35℃以上，最低气温可维持在 5℃以上；阴天时的最高气温一般不超过 25℃，最低气温可低于 0℃；春季日光温室内的温度上升较快，在不通风时，最高气温可达 50℃以上；秋季日光温室内的温度开始下降，一般 11

月的日最高气温为40℃左右，最低气温10℃左右，由此可以看出，除了冬季日光温室内的温度偏低外，春季和秋季的温度大多在西瓜生长的适宜范围内。因此在温度管理上，冬季要以保温防寒为主，春季和秋季则要以防高温为主。日光温室的增温方法和大棚相似，可参照进行，不同的是日光温室的前屋面可覆盖草苫保温。

2）光照管理 由于日光温室东、西、北三面是墙，加上由于保温的需要，早、晚要覆盖草苫，使室内的光照变得不足。可采用下列方法以保持室内较强的光照：一是要保持膜面较高的透光率，方法参见大棚栽培；二是选择适宜大小的前屋面和后屋面坡度，减少屋面的反射光量和遮光量；三是草苫要早揭晚盖，一般晴天上午日出半小时后和日落半小时前卷、放草苫为宜，阴雨天当室温不低于15℃时，也要卷起草苫，让散射光透入大棚内；四是在后墙和东、西侧墙挂反光膜或用白灰涂白；五是采取人工补光措施。

5. 整枝压蔓 日光温室西瓜要及早整枝，以减少侧蔓对养分的消耗。早熟品种一般采用单蔓或双蔓整枝，中晚熟品种种植密度大时可按双蔓整枝，三蔓整枝时种植密度要相应减少。无论哪种整枝方式，当瓜蔓爬到畦边，进入另一畦时，一般都要摘心。日光温室西瓜由于光照差、湿度大，瓜秧容易徒长，不易坐瓜，因此压蔓要早、要狠，以防徒长，促进坐瓜。

6. 肥水管理 日光温室西瓜强调施足、施好基肥，不但要保证施肥量，而且要保证肥料的质量，应该多施有机肥，加大磷、钾肥的施用量。在施足基肥的前提下，坐瓜之前一般不再追肥，坐瓜后幼瓜长到拳头大小时，可追一次果实膨大肥。

在浇足定植水的情况下，瓜苗长到30厘米前一般不再浇水，瓜蔓长到30厘米以上后，可视土壤墒情适当浇一次水，以后直到幼瓜坐稳后有拳头大小，进入果实膨大期时再进行浇水，果实膨大期一般浇2～3次水，采收前一周停止浇水。

日光温室西瓜的其他管理与塑料大棚西瓜基本相似，可参照进行。

（七）塑料大棚薄皮甜瓜早春茬栽培

1. 播种期的确定 早春种植薄皮的设施类型较多，因此，播种茬口一定要因地制宜及根据设施的类型来确定合理的定植时间。在确定定植期的基础上，选定适宜的播种期。一般在早春设施甜瓜生产，设施内气温应该稳定在12℃以上。早春设施甜瓜，定植后由于外界的气温变化较大，但气候条件越来越好，故在短时间设施内最低温度能够保持在 10℃ 以上即可定植。自根苗适宜的播种期距定植期 40 天左右，苗龄 3 叶 1 心至 4 叶 1 心。嫁接苗播种期应距定植期时间长一些，一般为 50 ~ 60 天。

2. 整地、施肥与起垄 甜瓜是喜光作物，应选择背风、向阳、排水良好、土层深厚、肥沃的沙壤土为宜。应在冬季来临之前建好各种类型的棚室，并进行深翻整地、施足基肥。结合深翻（30 ~ 40 厘米），每亩施充分腐熟农家肥 3 000 ~ 4 000 千克、磷酸二铵 20 千克、硫酸钾 10 ~ 15 千克，过磷酸钙 50 千克，或三元复合肥 30 ~ 50 千克，腐熟的饼肥 50 ~ 75 千克。基肥要集中深施垄底为宜；对于老棚应施入 1 ~ 2 千克的钙硼锌铁等微肥。将土壤与肥料耙压、混匀整平后起垄准备定植。起垄时在大棚边空 90 厘米，起宽 80 厘米，高 20 厘米的高垄，然后每隔 100 厘米再起一个 80 厘米的高垄，这样，在 8 米的大棚，共起 4 个 80 厘米的高垄。

3. 定植和管理

1）定植密度 定植密度要根据设施的类型、地力水平以及品种的特性而定。早春设施薄皮甜瓜定植密度一般为每亩 2 400 ~ 3 200 株。根据品种特性，植株长势旺的适宜稀植，长势弱的可以适当密植。

2）定植时间 定植时间直接影响了甜瓜上市的早晚，定植过早，温度低，瓜苗不易成活；定植过晚，甜瓜上市晚，失去了提早栽培上市的目的。因此，要根据自己的设施类型及当地气候特点确定合理的定植时间。定植时间应选择冷尾暖头的晴朗天气进行。

3）定植方法

（1）打定植孔 在做好的垄背上打孔，一垄双行进行三角打孔，打孔后要及时把打烂的地膜从定植孔中取出（图 6-33）。为防治地下害虫的危害，每亩穴施辛硫磷颗粒剂 2 千克（制作施药器，用矿泉水瓶，把瓶盖用铁钉扎成网状孔，把辛硫磷颗粒剂装入瓶中，再把瓶子绑在一个小竹竿上）。选择冷尾暖头晴天上午定植，定植完后马上进行滴灌浇水，稳苗水宜小不宜大，只要把苗子周边的湿透就可以了，水下渗后封坨。封坨时要注意土坨与垄面持平，不要土坨露出地面太多。

图 6-33　打定植孔

（2）土壤消毒　定植前，可以用 68% 金雷可分散粒剂 500 倍液喷定植穴的土壤表面或用 6.25% 精甲 · 咯菌腈悬浮种衣剂 1 000 倍液蘸根（图 6-34），然后再定植穴瓜苗，可有效地防治甜瓜的茎基腐病。

图 6-34　药液蘸根

4. 温度管理

1）定植到缓苗期间温度　白天气温应保持在 30 ~ 35℃，夜间应不低于 15℃，利于缓苗。在特殊天气条件下，短时间内温度也不应低于 8 ~ 10℃。

此期温度的管理重点是：以增温、保温为主。在温度管理上要以 6 时的温度为基准，摸清楚棚室的增温、保温性能，调控好白天棚室内的温度。如果白天温度在正常管理的情况下，不能满足夜间植株生长发育的温度时，白天温度可以提高到40 ~ 45℃。需要注意的是，白天进行高温管理，只适用于夜间温度不能满足秧苗正常成活和秧苗最低温度生育指标 8 ~ 10℃时，且要求土壤、空气必须具备较高的湿度，这种方法只适用于定植后短时间内的温度管理。如果夜间温度可达到生长要求则不需要白天进行高温调控。

2）缓苗后到瓜定个前温度 白天气温应保持在 25 ~ 30℃，夜间不低于 12℃，这有利于壮秧、早出子蔓、早坐瓜和果实膨大快。棚温超 30℃时，应进行放风，时间一般在中午。

此期温度的管理重点是：注意夜间不要温度过高，以防止秧苗徒长。对于长势快、不发子蔓的棚室，应加大昼夜温差的管理，夜里短时间内的最低温度可调控到10℃左右；待子蔓发出，看到瓜胎时，温度再转入正常管理。对于定植后，由于棚室温度低，秧苗长势弱的，要调高白天和夜间的温度，一般要以 6 时（最低温时间段）温度为标准，在此温度的基础上提高 1 ~ 3℃，待植株恢复正常生长后，再将温度转入正常管理。

3）坐瓜期温度 白天气温应保持在 25 ~ 30℃，夜间尽量保持在 15℃以上，以利甜瓜的膨大。

此期温度的管理重点是：此期春棚的温度环境越来越好，温度的管理重点应该是（多果型品种）：不要为了快膨果和为了果实快速成熟，进行高温管理。因为温度过高，虽然膨果较快、成熟较早，但容易导致植株根系老化，地上部早衰，影响第二茬、第三茬瓜的正常生长，甚至造成生理障碍等情况发生。

4）果实成熟期 白天温度 25 ~ 35℃，夜间尽量保持在 13℃以上，昼夜温差保持在 15℃以上，以利糖分的积累，促进果实早熟。

此期温度的管理重点是：在甜瓜接近成熟期，为增加昼夜温差，根据天气情况进行通风，尽量保持夜温在 13 ~ 15℃，促进甜瓜的糖分积累。

5. 光照管理 甜瓜喜好强光，不耐阴，生育期需要有充足的光照。充足的光照能促进甜瓜植株长势紧凑，节间和叶柄短，叶子大、厚、肥。设施大棚内光照较露地的差，光照不足是早春设施甜瓜栽培的限制因素，因此，应采取措施增加棚内光照强度和时间，以促进甜瓜健康生长。棚膜采用无滴膜效果好、透光率高的 EVA 薄膜，保持棚膜清洁，及时整枝打杈，多层覆盖要及时遮盖、使甜瓜植株多见光，地膜采用反光膜等措施。

6. 水分管理 甜瓜喜好通气性良好的沙壤土，如水分过多，土壤缺氧，甜瓜就易生病，薄皮甜瓜较厚皮甜瓜耐湿。同时甜瓜为喜肥作物，在整个生育期需要有充足的肥水供应，具体应根据甜瓜的不同生育期、气候、土壤情况而定。薄皮甜瓜要求较低的空气相对湿度，大棚内空气相对湿度以 50% ~ 60% 为最适宜。如长期空气相对湿度超过 70%，植株易发生病害，因此，在早春大棚栽培过程中，要求采用膜下滴灌，全棚全地膜覆盖。

1）定植水 早春茬设施甜瓜在定植时温度较低，为防止瓜苗定植后土壤温度下降过快，因此，定植水要小，把苗子周边湿透就可以了。在定植后如遇极端低温天气，可在夜间进行灌水护苗。

2）缓苗水 定植 5 ~ 7 天苗子开始生长新叶，确定苗子已经成活，这次应选择冷尾暖头进行灌水，且这次灌水尽量浇透，在一般情况下，一直到开花坐果不再浇水。基肥施用比较充足的情况下，在坐果前一般不再追肥。但如果基肥不足，植株出现脱肥现象应随水冲施三元素复合肥 3 ~ 5 千克提苗肥。

3）果实膨大水 此次浇水一般在大多数植株坐住瓜后，瓜长到鸡蛋大小时进行（授粉后 7 天左右），此次水量要大，浇足，同时亩冲施高钾中氮低磷甚至无磷水溶肥 7 ~ 10 千克。在授粉后 15 天左右冲施第二次肥水，此次冲肥量为每亩 5 ~ 7 千克水溶肥，此次浇水要兼顾上部二茬果。在瓜成熟期前 7 ~ 10 天，停止浇水。

叶面补充养分，可在坐瓜后每隔 7 天左右喷施 0.2% 磷酸二氢钾溶液，连续 2 ~ 3 次，有利于提高果实品质及外观商品性。

由于薄皮甜瓜为多果型栽培，坐果较多，果实膨大与坐果要相互兼顾，防止出现落花落果现象。

7. 吊蔓、整枝、授粉及留瓜

1）吊蔓 早春大棚薄皮甜瓜一般在 6 片叶时进行吊蔓。一般顺瓜垄拉一条呢绒草，两端进行固定，然后在每株瓜苗吊一根呢绒草，上端绑在铁丝上，下端绑在下部的呢绒草上，然后把瓜蔓顺着呢绒草顺时针进行缠绕（如果下端直接绑在瓜根部，如遇到大风天气大棚骨架出现摆动，易造成植株根系松动甚至拔出地面）。

2）整枝 一般采用单蔓整枝，此种整枝有利于甜瓜提早上市，主蔓不摘心，在合适的节位子蔓或主蔓上坐瓜，为防止化瓜，促进果实膨大，子蔓瓜前留 1 片叶摘心，及时摘除主蔓留瓜节位以下的侧芽和其他无雌花的子蔓。

一般在主蔓第五节开始留瓜，5 节以下的侧枝全部打掉，5 节以上连续留瓜 4 ~ 6 个，在第一茬瓜留 3 ~ 4 个，第一茬瓜基本定个后，在主蔓上部节位可继续留 3 ~ 4 个瓜。不留瓜的子蔓全部打掉。主蔓一般在 25 ~ 30 片叶进行打顶，顶端可保留 1 个子蔓不打顶，要做到坐瓜的子蔓分布合理，保证通风透光。打杈摘心一般在晴好天气进行，尽量不要在阴雨天气开展这项工作，阴雨天气伤口愈合慢，易感染病害，整枝后及时喷药，防止病害的发生。

薄皮甜瓜整枝时要注意几个问题：一是薄皮甜瓜坐果枝一般在子蔓、孙蔓或玄孙蔓，雌花一般着生在第一节位，其他节位一般着生雄花，如果该坐果蔓 1 ~ 2 节无雌花，则此蔓不管长多长，一般不会再结瓜，因此应及时对此瓜蔓进行摘心打顶。二是薄皮甜瓜部分子蔓、孙蔓会出现无瓜现象，对此类瓜蔓要及时去除或摘心，同时对坐果枝条及时摆布均匀，尽量不要交叉重叠，以更好地通风透光。

3）授粉 薄皮甜瓜早春大棚栽培，在植株雌花开放时常因低温昆虫活动少等因素影响坐瓜，因此多采用人工处理，一般常采用授粉方式有 3 种：一种是当子蔓的雌花开放时，于 9 时后人工授粉，即取一个当日开放的雄花剥去萼片，露出雄蕊，然后对准雌花柱头涂抹上花粉（注意一定要当日开放且花粉活力好）；二种用蜜蜂授粉；三种是使用高效坐瓜灵（0.1% 吡效隆）每 5 毫升对水 1 千克浸蘸瓜胎，并加入 5 毫升适乐时上色和防治灰霉病，或者用小型喷雾器从瓜胎顶部对花和瓜胎均匀喷雾，要用手晃一下瓜胎上的药滴，防止药液不均匀，产生畸形瓜，同时要防止喷到瓜柄及瓜叶上。用坐果灵处理瓜胎时，一定要注意使用浓度，根据棚内温度和使用说明进行配制。

4）定瓜 薄皮甜瓜一般个头较小，一株一般坐瓜多个，为了保证合理单瓜数及单瓜品质，要及时疏瓜和定瓜。留瓜的数量因品种而定，一般在幼瓜呈鸡蛋大小时进行选瓜，留瓜选择果型好、果实膨大快、颜色鲜亮、果脐小、果柄粗大、果面无任何损伤的为好（图 6-35）。

图 6-35　薄皮甜瓜留瓜

8. 成熟及采收　甜瓜的品质和商品性与果实度成熟度密切相关，采收应在果实充分成熟时采收，薄皮甜瓜由于皮薄质脆，不耐储运，一般在果实九成熟时采收。采收应以开花到成熟天数为基本标准。而成熟天数由品种及栽培茬口而定，早春大棚栽培一般需要 28 ～ 38 天，可结合品种成熟时的典型特征，如果实外观颜色、香味的有无等来判断。

（八）塑料大棚厚皮甜瓜早春茬栽培

1. 茬口安排　早春厚皮甜瓜的确定，应根据当地气候条件、设施类型和准备上市时间来确定，一般在棚室内气温应该稳定在 12℃ 以上。早春棚室甜瓜，定植后由于外界的气候条件越来越好，故在短时期棚内最低温度能够保持在 10℃ 以上即可定植。自根苗适宜的播种期距定植期 40 天左右，苗龄 3 叶 1 心至 4 叶 1 心。嫁接苗播种期应距定植期时间长一些，为 55 天左右。在河南，日光温室栽培甜瓜育苗时间可放在 12 月的上中旬。大棚及大棚多层覆盖见表 6-1。

表6-1　大棚厚皮甜瓜生产周期表（河南）

	无内膜	一道膜	二道膜	三道膜
播种期	2月中旬	2月上旬	1月中旬	1月上旬
定植期	3月下旬	3月中旬	2月下旬	2月中旬
采收期	6月中旬	6月上旬	5月下旬	5月中旬

2. 整地、施肥与起垄　要求种植甜瓜的土壤疏松、肥沃、土层厚的沙壤土为最好，在冬前进行深耕，利用冬季的低温进行冻垡。中等肥力的地块，亩施腐熟的羊粪5 000千克，腐熟的芝麻饼或豆饼150千克，三元素复合肥40千克，普施与垄施相结合。对前茬作物是瓜类的大棚，做垄时垄施50%敌磺钠或50%多菌灵2千克，进行土壤消毒，防止土传病害的发生（图6-36）。

图6-36　起垄

3. 定植和管理　采用高垄栽培，定植为一垄双行，具体栽培密度根据品种、整枝方式而定，对于小果型厚皮甜瓜每亩可种植2 000 ~ 2 200株，大果型品种一般种植1 600 ~ 1 800株。

1）定植时间　厚皮甜瓜要在10厘米地温稳定在14 ~ 15℃，最低气温稳定在12℃以上就可以定植。定植时营选择冷尾暖头晴天无风天气进行，9 ~ 15时为最好。

2）定植方法　在垄面上铺上滴灌管，顺平，注意不要打折，然后覆膜，按照密度进行打孔，孔的大小与苗子的土团相适应。取苗时要小心，不要把土团弄破，把苗子放入定植穴中，使幼苗直立，然后滴水，水量要小，把苗子周边湿透就行。

定植完成后，多层覆盖栽培的，应及时加盖小拱棚，由于大棚内无风，小拱棚的薄膜不必压死，以便于揭、盖（图 6-37）。定植完成后，及时把外棚膜封严，以提高棚内温度。为了使定植当日尽快提高地温和气温，最好在 15 时前定植完毕。

定植时应当注意的问题：一是定植不宜过深，露出子叶为准。二是定植时如突然遇到低温，可在 5 时左右进行灌水防冻苗。三是不要大水漫灌，以免降低地温，防止出现僵苗。四是在棚内多栽些瓜苗，以便于以后进行补苗。

图 6-37　多层覆盖

3. 定植后的管理

1）温度管理

（1）定植后到缓苗结束　这期间，应以保温增温为主，尽量提高棚内温度，促进缓苗。

（2）缓苗到开花坐果期　缓苗结束后，苗子开始生长，为促进苗子健康生长，缓苗后即可进行通风换气，以夜间温度来调节白天温度，一般夜间温度尽量不低于 15℃，如果夜间温度低于 15℃，可适当提高白天温度。随着外界天气转暖，可根据天气适当加大通风量，以利于甜瓜的扎根伸蔓，健壮生长。

（3）甜瓜开花授粉期　白天气温控制在 28~32℃，夜间 15~18℃，保证 15℃以上的温差。在甜瓜开花授粉期，要保证充足的光照和较高的夜温，如果夜温过低，易出现落花、落果，且影响果实膨大。多层覆盖的，应及时撤去小拱棚，及时进行吊蔓。

（4）甜瓜坐果期到成熟　多层覆盖的，一般 4 月上中旬坐果，坐果后应及时调节温度，防止落果。进入 5 月后，外界气温达到 18℃后，棚内应加大通风，顶风、侧风可以同时打开，并在夜间通风，白天不超过 32℃，夜间温度不超过 18℃。

2）湿度管理 大棚种植相对密闭，空气相对湿度大，采用全地膜覆盖可以显著地降低棚内空气相对湿度。一般在甜瓜生长前期空气相对湿度较低，吊蔓栽培茎叶满架后，由于蒸腾量大，灌水量大与灌水次数多，使棚内空气相对湿度增高。为降低棚内空气相对湿度，减少病害发生，晴暖天气可早开风口，晚关风口，加大空气流通。在大棚种植甜瓜时，尽量减少浇水次数，浇水后及时通风排湿。如果种植的是网纹甜瓜，应在布网初期控制浇水，防止空气相对湿度过大，空气相对湿度应控制在 70%~80%；布网盛期，空气相对湿度为 65%~75%。

3）光照管理 与其他瓜类蔬菜相比，厚皮甜瓜要求较强的光照强度，大棚早春多层覆盖由于薄膜的阻隔，光照强度下降较多，因此要注意保持棚膜的清洁，及时揭盖棚内的多层薄膜，使瓜苗早见光，多见光。对植株要及时整枝打杈，保证合理的光照有益于植株的正常生长。

4）肥料管理 大棚栽培甜瓜一般基肥施得较足，整个生育期一般进行 2~3 次追肥，同时配合叶面施肥 3~4 次。

一般在植株伸蔓期，即吊蔓期，可追一次肥，以速效氮肥为主，穴施肥可适当配合磷、钾肥，采用尿素和磷酸二铵按照 1∶1 的比例进行，亩施 5~10 千克。

当幼瓜长到鸡蛋大小时，即授粉后 5~7 天，果实开始进入膨大期，植株需肥量达到全生育期的最高峰，此时应重施肥，促进果实膨大，这期间施肥以水溶肥（高钾中氮低磷甚至无磷，磷在土壤中移动性差，如滴灌，磷元素都积累到土壤表面，利用率很低）为主。一般冲施 10 千克，在坐瓜后 14~16 天是再冲施 5 千克。

5. 整枝、授粉及留瓜

1）整枝 甜瓜茎蔓分枝力很强，在主蔓上可以长出子蔓，子蔓上可以长出孙蔓，依次可以连续不断地分枝，大部分厚皮甜瓜坐果在子蔓上。如果不人为整理枝条，往往会造成生长过旺，落花、落果严重，甜瓜的产量和品质下降。早春大棚栽培，棚内空间有限，栽培密度大，为充分利用空间，获得较为理想的产量和单瓜品质，在棚内种植厚皮甜瓜应严格整枝。整枝包括对主蔓、子蔓、孙蔓摘心，摘除多余的侧蔓，进行合理留蔓、留叶，同时除去卷须。整枝的目的是控制植株的营养生长，促进开花坐果，增加产量。当结果枝上出现瓜胎后，应及时在瓜前留一片叶打顶摘心，使营养物质及时输送向果实上，又可以防止化瓜，促进果实膨大。

厚皮甜瓜整枝方式有多种，应结合品种特点、栽培方式、栽培茬口、土壤肥力而定，大棚种植厚皮甜瓜一般采用单蔓整枝（图 6-38）。

图 6-38　单蔓整枝

无论采用哪种整枝方式，应注意以下几点。一是在植株旺盛生长期要及时整枝和打杈，促进坐果和果实生长。二是要在晴天 10~15 时进行整枝摘心，阴雨天气严禁整枝打杈，因为这期间棚内湿度大，茎蔓伤口不易愈合，极易感染发病，且茎蔓脆，易折断。三是整枝要保证茎叶合理均匀分布，防止茎叶郁闭，合理利用空间及光照。四是要保证有充足、合理的功能叶。叶片是制造营养的器官，甜瓜叶片在日龄 30 天左右时制造的营养物质最多，果实膨大时，功能叶越多，供给果实的养分越多。五是早春大棚甜瓜整枝摘心不宜过早，特别是最下部的 3 个侧枝。可适当晚去侧枝，一般在侧枝 3~4 片叶时再摘心打顶。六是整枝摘心要前紧后松的原则。前期，要及时抹去侧枝，防止营养生长过旺影响坐瓜，进入膨大后期，可根据情况进行合理的整枝。

2）授粉　在生产上常用的授粉方法有人工授粉、生长调节剂处理、蜜蜂授粉 3 种方式。

（1）人工授粉　在甜瓜植株上，雄花先开，雌花后开。甜瓜开花温度为 18℃，最适宜开花气温为 20~21℃，开花后 2 个小时柱头、花粉的活力最强，这时授粉坐果率最高。开花期夜温低于 15℃或遇到连阴雨天气时，影响授粉受精，严重的会出现落花落果。甜瓜的花为虫媒花，但由于早春气温低，大棚内昆虫活动少，需进行人工授粉才能坐果。人工授粉一般在晴天的 8~11 时进行，阴天可推迟，选择当日开放的雄花，去掉花瓣，向当日开放的雌花柱头上轻轻涂抹（图 6-39）。

图 6-39　人工授粉

（2）生长调节剂处理　此种方法在甜瓜生产中应用广泛（图 6-40）。常用坐果灵为 0.1% 氯吡脲，配比浓度一般为 300~500 倍，使用方法有两种：一种是浸泡法，把配制好的药液倒入广口容器中（药液现配现用），当天开放的雌花或开花前一天的雌花，用手拿着坐果枝小心把瓜胎浸入药液中随后取出，用手指轻轻弹一下坐果枝，防止药液在瓜胎及雌花积累过多。二是喷洒法，用微型喷壶将药液均匀喷洒到瓜胎上。不论用哪种方法，喷药要均匀，切不可重复喷药，喷药后加强肥水管理。

图 6-40　生长调节剂处理

（3）蜜蜂授粉　早春种植甜瓜，要提前联系蜂源，防止错过最佳蜜蜂授粉期（图

6-41）。因蜜蜂适应外界环境能力弱，特别是处于休眠期的蜜蜂，突然放入大棚内，由于环境条件的剧变，可能会导致大量蜜蜂死亡。而大多数种植户又不懂蜜蜂的习性，经常是早春甜瓜即将开花或者是正在开花，才将蜂箱放入温室授粉，出现蜜蜂狂飞、乱飞、不授粉等现象，导致授粉效果不佳。为了让蜜蜂能及早适应大棚环境，保证不延误授粉，应在甜瓜雌花未开花前 10 天，将蜂箱放入大棚内。

图 6-41　蜜蜂授粉

授粉蜜蜂种类的选择及数量，针对甜瓜开花期短、最佳授粉时间在上午的特性，应选择意大利蜂和中华蜂为授粉蜂种，每亩大棚 1 个标准授粉群即可满足授粉需要；对于面积较大大型连栋大棚，则按 1 个标准授粉群承担的 1 亩面积配置。

准备授粉的甜瓜，应提前 7 天做好甜瓜病虫害防治工作，蜜蜂放进去后，要保证大棚内空气良好。蜂箱离地面高度 0.5 米，放在大棚偏北 1/3 处。

蜜蜂生活中需要摄入一定的水分，大棚内要提供蜜蜂饮水的地方。在蜂箱前 1 米的地方放 1 个碟子或盘子，在碟子里放置一些草秆或小树枝等，供蜜蜂攀附，以防蜜蜂溺水死亡，为增强蜜蜂体力及对钠盐的需要，水中加 0.01% 食盐，每隔 2 天换 1 次干净的盐水。甜瓜花粉少，花朵泌蜜不能满足蜂群正常发育，若不给另外饲喂糖浆，蜜蜂达不到充足营养将被饿死，所以要在巢内饲喂糖浆，每箱蜂日需白砂糖 0.5 千克，加水制成 50% 糖液饲喂。

蜜蜂授粉后会在雌花柱边缘上形成浅色标记，此标记显示授粉正常。随着时间的推移，颜色由浅变深，瓜蕾青绿、鲜艳。蜜蜂授粉后甜瓜坐瓜较多，待大多数瓜长到鸡蛋大时，及时定瓜和疏瓜。

甜瓜采用蜜蜂授粉时，在放入蜜蜂前，应将大棚内蓝黄板全部收集，防止影响蜜蜂的飞行甚至黏住蜜蜂，待授粉结束后，再张挂蓝黄板。

3）留瓜 及时合理进行选瓜、留瓜是厚皮甜瓜大棚栽培的一项重要措施。选瓜留瓜关键是确定合理的留瓜节位、留瓜数量和留瓜方法，及时疏果。

留瓜节位，留瓜节位的高低，直接影响果实的大小、产量的高低、成熟的早晚、品质的好坏。如果留瓜节位过低，植株下部叶片少，果实发育前期养分供应不足，使果实纵向生长受到限制，而发育后期果实发育较快，因此果实小而扁平。在植株小时坐果，会发生坠秧现象，使植株生长中心过早地向果实转变，茎叶生长受到抑制，影响产量和品质。

6. 成熟及采收 厚皮甜瓜的收获期比较严格，若采收过早，则果实含糖量低，香味差，有的品种甚至有苦味；采收过晚，则果实的果肉扁绵软，品质、风味下降，甚至果肉发酵，风味变差，不耐储运。只有适时采收才能保证果实的品质，外运远销的商品瓜，应于正常成熟提前 3 天采收。

1）计算授粉到果实成熟的天数 不同熟性的品种从开花到果实成熟所经历的天数不同，对每个果实都标记上授粉的时间，到成熟期时，计算每个瓜坐果后的天数是否达到成熟所需要的天数。若达到成熟天数，一般果实接近成熟或成熟。早春大棚栽培厚皮甜瓜，早熟品种一般需要 35~40 天，中晚熟品种需要 40~50 天，个别晚熟品种需要 60 天以上。如果在整个生育期，温度高，光照足，阴雨天气少，则可提前成熟 2~4 天，光照差，阴雨天气多，温度低，则晚熟 2~4 天。

2）根据外观判断是否成熟 果实长到其应有的大小，果皮颜色充分变深或变浅或转色；光皮品种果实表面光滑发亮，果柄附近绒毛脱落，网纹甜瓜果面上的网纹清晰、干燥、色深；着生瓜的叶片叶肉失绿干枯等，则果实接近成熟或成熟。

3）根据香味判断 对有香气的品种，成熟的瓜散发出很浓的香气，不成熟的瓜则无香味或很淡。

（九）大棚厚皮甜瓜秋延后栽培

厚皮甜瓜秋延后栽培是指 7 月上中旬育苗或 7 月中下旬直播，9 月下旬至 10 月上旬收获的一茬厚皮甜瓜。这茬由于前期高温，中后期多雨且光照减弱，栽培难度较大。

1. 播种期的确定 大棚厚皮甜瓜秋延后栽培，由于生长处于高温、高湿向低温、寡照过渡阶段，适宜甜瓜果实膨大的温度段较短，因此，播种期较短。同时还要考虑甜瓜上市的价格，根据当地市场行情确定双节前或后上市。在河南各地及附近区域，一般播种时间从 7 月上旬至 7 月下旬。这期间种植风险最小。

2. 直播与育苗移栽

1）直播 直播是秋延后栽培甜瓜最好的方式，直播苗没有移栽缓苗阶段，也不会因移栽伤根，可比育苗移栽晚播 3~5 天。直播一般要求按照株行距进行起垄，铺设滴灌、覆膜，按照株距进行打孔，然后进行灌水，等定植孔水全部下渗后进行播种。在播种前，种子要进行药物处理：先把种子放在太阳下进行晾晒，然后把种子用 47% 加瑞农可湿性粉剂 400 倍液浸泡 30 分，清洗干净后再用清水浸泡 4 个小时，用干毛巾把种子擦干（主要防止播种时种子粘连）播种。播种时可采用 1-2-1-2 的播种方法，穴播 2 粒种子的，播种时 2 粒种子尽量分开，出苗后如果有缺苗的可进行移栽。由于 7 月虫害较多，可在播种时同时在播种穴中放 1 粒 1 株 1 片，防止蚜虫的危害（图 6-42）。

图6-42　穴施1株1片

2）育苗移栽 此茬口苗期处于高温季节，苗子生长快，易徒长，因此育苗时间不宜过长，为防止移栽伤根，苗子不宜过大，最好采用互生护根育苗，苗龄不超过 12 天，同时进行子叶苗进行移栽。一般采用 72 穴孔的穴盘育苗，把经过消毒的、配制好的育苗基质装盘，装好的基质不要进行压实。放到育苗床上，从下部灌水，但不要把穴盘淹没，应让水从下部把基质浸透，然后每穴播种 2 粒小麦种子，24 小时后，再对育苗床灌一次水，然后每穴播种 1 粒甜瓜种子，播完后，上覆 1 厘米厚的、处理过的基质，并进行稍微地压实。然后把苗床盖上遮阳网进行遮阴保水，70% 左右的苗子出土时小心地取下遮阳网，同时育苗床要进行降温，防止出现高腿苗。子叶平展，开始吐心时即可进行移栽。

由于秋延迟栽培甜瓜在定植时正值高温，因此此茬的定植方法与早春不同，此时气温高，地面蒸发量大，定植时最好放在阴天进行或晴天 17 时后进行。

3. 土壤处理 在前茬作物结束后，要及时进行土壤处理，特别是利用 6~7 月的高温天气，进行大棚高温闷棚（图 6–43），如果时间允许的话，可采用干闷和湿闷相结合的方式进行。具体做法：在前茬作物收完后，及时清理前茬作物的残枝落叶，同时要把棚内的废旧地膜清理干净，把大棚密闭，连续密闭 10~15 天，这是干闷。干闷结束后，打开大棚，每亩施 3~4 米^3 未腐熟的羊粪、牛粪、猪粪等粪肥，打地整平，灌透水，然后铺设地膜，把大棚内全部覆盖，关闭大棚 10~15 天。

图 6–43 高温闷棚

闷完棚后，把大棚内的地膜从大棚内抽出来，由于大棚秋延后栽培，整个植株生育期较短，因此，基肥应施足，施肥量的大小最好根据土壤肥力来定。一般亩施过磷酸钙 50 千克，硫酸钾复合肥 50 千克。

4. 起垄、覆膜 厚皮甜瓜根系不耐湿，栽培要求进行起高垄，垄高20~25厘米，垄面宽50~60厘米，垄面整平，上铺设两条滴灌带（滴灌带不要打折）。秋延后栽培厚皮甜瓜，地膜的主要作用是减少土壤水分蒸发，防止土壤板结，同时抑制杂草生长，因此此茬种植最好采用银灰色地膜覆盖（图6-44）。铺设地膜方法有2种，一种是提前铺设地膜，然后打孔播种或定植；另一种是先播种或定植，苗子正常生长后先中耕1~2次，然后覆地膜掏苗，这样覆地膜掏苗后一定要及时把苗子周边用土压严，防止地膜下的热空气烫伤苗子。

图6-44 银灰色地膜覆盖

5. 田间管理

1）温度管理 如果定植早，可在大棚棚膜上喷洒大棚降温剂或棚膜上撒泥进行遮阴降温。定植后到9月中旬，大棚四周通风，且要把通风口开到最大，并且昼夜敞开，尽量降低棚内温度，这时的大棚主要作用是防雨。9月下旬天气转凉后，夜间及时关闭风口，白天根据天气及植株生长不同阶段，白天棚内温度保持在28~32℃，夜间尽量保证不低于15℃。如果夜温低于15℃就应该加盖二膜进行保温。

2）肥水管理 定植水有2种方法，一种是提前5~7天进行大棚灌水，可以顺定植垄进行大水灌，浇透，在定植时明水栽苗；另一种是在定植时明水栽苗，然后再定植沟灌大水。定植后早晚连浇水2~3天促进缓苗。缓苗后进行中耕蹲苗控水，促进根系下扎。在伸蔓时每亩可随水冲施尿素10千克。当瓜长到鸡蛋大小时（一般授粉后5天即可），可每亩随水滴灌中氮低磷高钾水溶肥10千克，5~7天后（授粉后12~15天），可亩冲施高钾水溶肥5~7千克。同时配合叶面喷施0.2%磷酸二氢钾。

秋延后大棚栽培甜瓜，由于前期温度高，地上部生长快，根系易发生生长量小，引发植株早衰，因此，在植株生长过程中可根据植株生长势随水冲施磷酸二氢钾和芸苔素。

6. 整枝、授粉及留瓜

1）整枝 为防止植株徒长、病虫和老化叶的发生，植株长至5~6片真叶时，除去子叶，再除底部真叶1片。等植株长至8~9片真叶时，除去底部真叶2片。大田操作时，要选晴天中午，摘叶后要及时喷链霉素、多菌灵等杀菌剂。当蔓长50~60厘米时再进行吊蔓（图6-45）。生产中采用单蔓整枝。植株长至12个节位左右时，留其侧枝1~2枝，选用侧枝结果，其他的侧枝要尽早除去。主蔓的摘心应在晴天中午进行，在结果位确定上面12~15叶。坐果枝的摘心在结果位前留1叶摘心。植株基部易发生病害，要及时摘除基部老病叶，以利通风降湿，减少病害。

图6-45 吊蔓

2）授粉 秋延后栽培厚皮甜瓜最好采用蜜蜂授粉，具体方法为：蜂箱可放置于棚内时，因为蜜蜂习惯往南飞，蜂箱放置于大棚偏北1/3的位置，巢门向南，与棚走向一致，将蜂箱垫高10厘米放置。蜜蜂的生存是离不开水的，由于设施内缺乏清洁的水源，蜜蜂放进设施后必须喂水。在蜂箱巢门旁放置装有1/2清洁水的浅碟，每2天补充1次，高温时每天补充1次，另放置少量食盐于巢门旁，每10天更换1次。蜜蜂对农药非常敏感，杀虫药剂能杀死蜜蜂，禁用吡虫啉、氟虫腈、菊酯类等农药。放入蜂群前，对棚内甜瓜进行一次详细的病虫害检查，必要时采取适当的防治措施，随后保持良好的通风，待有害气体散尽后蜂群方可入场。如甜瓜生长后期需用药，应选择高效、低毒、低残留的药物，喷药前 1 天的傍晚（蜜蜂归巢后）将蜂群撤离大棚，2~3 天药味散尽后再将蜂箱搬入棚内。

3）留瓜 授粉 1 周后，幼瓜长至鸡蛋大小时，每株留 1 个果型端正、果脐小、无病虫害的幼瓜，其余幼瓜同结果枝一同摘除。瓜长至 500 克时进行吊瓜（图 6-46）。用绳在果柄与结果枝连接处吊起，使结果枝保持水平。

图 6-46 吊瓜

7. 成熟及采收 秋延后厚皮甜瓜一般授粉后 37~43 天成熟，成熟的主要标志是：果实同节位的叶片转黄，果脐部有明显弹性，果蒂周围出现离层，如果是网纹甜瓜，网纹木栓化突起明显，果皮底色发生变化等。也可计算甜瓜授粉后的天数，采样试食后采收。采摘时应将果实连同结枝一并呈“T”形剪下（图 6-47）。

图 6-47 厚皮甜瓜采收

（十）薄皮甜瓜露地栽培

1. 品种选择 露地栽培必须选择耐湿，易坐果，适应性广的早熟薄皮甜瓜品种，绝大部分厚皮甜瓜尚不能在露地栽培。

2. 播种期的确定 育苗种植，一般在 3 月中下旬播种，4 月下旬定植。露地直播需安排在当地晚霜过后，且土壤 10 厘米深处地温稳定在 15℃以上、气温稳定在 10℃以上。河南地区 4 月中下旬播种，7 月收获。

3. 地块选择、整地、施肥

1）地块选择 甜瓜对土壤要求不严格，但以土层深厚、通透性好、不易积水且有可靠的灌溉条件的壤土或沙壤土为佳。瓜田需地势高燥、背风向阳，前茬为非瓜类作物。壤土或沙壤土早春地温上升快，有利于根系的生长发育。甜瓜适宜土壤为 pH 为 7.0~8.0，土壤含盐量需在 0.3% 以下。

2）整地、施肥 在播种前应深耕 20~30 厘米，按当地种植习惯开沟做畦。结合整地，每亩施优质腐熟有机肥 3 000 千克、硫酸钾复合肥 50 千克、过磷酸钙 25 千克，混合后均匀施入沟内，可撒施、沟施。

4. 直播或育苗移栽 露地栽培甜瓜可直播或育苗移栽，一般每亩种植密度在 1 300 株左右。

1）直播 可干籽直播、湿籽直播或催芽后直播。要求播种深度整齐一致，按 3~4 厘米深开穴，每穴放入 2~3 粒干籽或湿籽，覆土 1~2 厘米厚。若催芽后播种，先在穴中浇水，水渗下后每穴播 1~2 粒催芽种子，把种子平放覆土。

2）育苗移栽 种植畦上提前打好定植孔。定植前 1 天下午，将苗床浇透水，植株上水分蒸发晾干后喷一遍杀菌剂防病。临定植前，用杀菌剂浸根，取出营养钵或穴盘中的幼苗放入定植孔内，营养土块四周填入细土并稍压实，高度与营养土坨齐平。

5. 田间管理

1）补苗、间苗、定苗 直播出苗后及时查苗补苗。可以在幼苗 2 片真叶间苗时，利用其他部位余苗补栽 1 次，每穴留苗 2 株。4~5 片真叶时定苗，每穴留健壮苗 1 株。也可在 3~4 片真叶时，补苗、间苗、定苗一次性完成。

2）水肥管理 甜瓜前期生长慢，需肥需水量少，在施足基肥、浇足缓苗水的情况下，开花坐果前一般不需要追肥。苗期应适当控水蹲苗，蹲苗期结束后浇 1 次小水；开花坐果期控制水肥，坐果后一般浇 2~3 次水，追 1~2 次高钾复合肥，其中果实膨大期要浇足水，每亩追施高钾复合肥 10~15 千克、腐熟饼肥 150 千克。7~10 天后可再浇 1 次小水，果实采收前 10 天停止浇水。

6. 整枝、授粉、留瓜

1）整枝 露地甜瓜一般采用双蔓整枝、三蔓整枝方式。

（1）双蔓整枝 幼苗 4 片真叶时摘心，选留 2 根健壮子蔓。子蔓长到 7~8 节时摘心，在子蔓5节左右留孙蔓坐瓜，一般每株每茬留4个瓜，坐果后仍要及时整枝、摘心（图6-48）。

图 6-48 双蔓整枝

（2）三蔓整枝 在幼苗 5~6 片真叶时摘心，选留 3 条健壮的子蔓，子蔓生长至 4~5 片叶时留孙蔓结果（图 6-49）。

图 6-49 三蔓整枝

2）授粉、留瓜 甜瓜授粉后子房才能膨大，在环境条件不利蚂蚁等昆虫活动，或不良天气条件影响花粉发育的情况下，须采用人工授粉和激素处理促进坐瓜。人工授粉在8~10时，摘下当日开放的雄花，摘除花瓣，在雌花的柱头上涂抹花粉。也可用激素授粉。氯吡脲是目前人工合成的活性最高的细胞分裂素，宜在温度10~30℃时使用，常用0.1%氯吡脲水剂200~240倍液处理促进坐瓜，并根据温度调整浓度大小，高温时节使用浓度略低于低温时节。

7. 采收 可根据不同甜瓜品种的果实发育期、果实的外观特征、香气有无、瓜前叶片的变化等来判断果实成熟度，然后根据市场行情、储运条件等确定采收期。采收宜在早晨进行，采收时果柄剪成“T”字形，轻采轻放，避免损伤（图6–50）。

图6–50 甜瓜采收

七、病虫害绿色防控

目前，我国对病虫害的防治主要依赖化学防治措施，在控制病虫危害损失的同时，也带来了病虫抗药性上升和病虫暴发概率增加等问题，既不符合现代农业的发展要求，也不能满足农业标准化生产的需要。因此，应大规模推广应用生态调控、生物防治、物理防治、科学用药等绿色防控技术，有效替代高毒、高残留农药的使用，降低生产过程中的病虫害防控作业风险，提升农产品质量安全水平，增加市场竞争力，促进农民增产增收。

（一）侵染性病害

1. 猝倒病

1）症状识别 近土面的胚茎基部开始有黄色水渍状病斑，随后变为黄褐色，干枯收缩成线状，子叶尚未凋萎，幼苗猝倒死亡（图 7-1）。

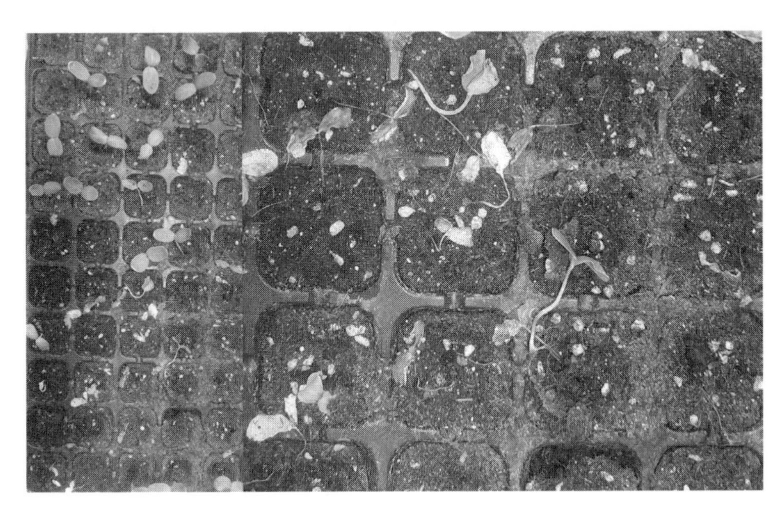

图 7-1 猝倒病危害症状

2）防治方法　苗后发病时可喷64%杀毒矾可湿性粉剂500倍液，或喷25%瑞毒霉可湿性粉剂800倍液，也可用亮盾（25克/升咯菌腈+37.5克/升精甲霜灵）悬浮种衣剂500～600倍灌根1～2次，或用卉友（50%咯菌腈）2 000倍灌根，250毫升/株。

2. 立枯病

1）症状识别　幼苗茎基部产生椭圆形暗褐色病斑，早期病苗白天萎蔫，早晚恢复，病部逐渐凹陷，扩大绕茎一周，并缢缩干枯，最后植株直立而枯死。

2）防治方法　同“猝倒病”的防治。

3. 枯萎病

1）症状识别　发病初期少数叶片在白天呈失水状凋萎，夜间恢复；后期叶片凋萎、褐色，植株死亡；病株基部粗糙变褐色，常有纵裂，裂口处有红色胶状物溢出；纵剖病茎，可见微管束呈黄褐色（图7-2）。

图7-2　枯萎病危害症状

2）防治方法　可用南瓜、西葫芦作砧木嫁接防病；也可播种或栽植前进行土壤消毒，使用25%苯莱特粉剂与细干土1∶100配成药土施入沟内或穴内，或用50%代森铵可湿性粉剂400倍液或70%敌磺钠可湿性粉剂1 000倍液进行消毒，在重茬严重的地块，结合整地，每亩可施入熟石灰80～100千克。发病初期可用64%噁霉灵或用40%杜邦福星乳油20毫升+50%多菌灵可湿性粉剂400克对水160千克灌根，每株250毫升，也可用70%敌磺钠可湿性粉剂与面粉按1∶20配成糊状，涂于病株茎基部。也可用1%申嗪霉素1 500倍液加70%敌磺钠可湿性粉剂800倍液灌根。

4. 腐霉根腐病

1）症状识别　侵染根及茎部，初呈现水浸状，茎缢缩不明显，病部腐烂处的维管束变褐，不向上发展，有别于枯萎病；后期病部往往变糟，留下丝状维管束。病株地上部初期症状不明显，后叶片中午萎蔫，早晚尚能恢复。严重的则多数不能恢复而枯死（图 7-3）。

图 7-3　腐霉根腐病危害症状

2）防治方法　可用南瓜、西葫芦作砧木嫁接防病；也可播种或栽植前进行土壤消毒，使用 25% 苯莱特粉剂与细干土 1∶100 配成药土施入沟内或穴内，或用 50% 代森铵可湿性粉剂 400 倍液或 70% 敌磺钠可湿性粉剂 1 000 倍液进行消毒，在重茬严重的地块，结合整地，每亩可施入熟石灰 80 ～ 100 千克，或使用 50% 异菌脲可湿性粉剂 1 000 倍液加 70% 代森锰锌可湿性粉剂 1 000 倍液灌根，或 50 克黄腐酸盐 +150 克高锰酸钾 +50 克代森锰锌加入到 60 千克水中灌根。

5. 疫霉根腐病

1）症状识别　发病初期于茎基或根部产生褐斑，严重时病斑绕茎基部或根部一周，纵剖茎基或根部维管束不变色，不长新根，致地上部逐渐枯萎而死。

2）防治方法　同“腐霉根腐病”的防治。

6. 蔓枯病

1）症状识别 叶片上有黄褐色圆形病斑，叶缘病斑多成“V”字形，老叶上有小黑点；茎蔓有椭圆形黄褐色病斑，密生小黑点，常流胶；果实出现油渍状小斑点，后变为暗褐色，中央部位呈褐色枯死状，内部木栓化（图 7-4）。

图 7-4 蔓枯病危害症状

2）防治方法 可用 55℃温水浸种 20 分，以种子重量的 0.3% 拌种。发病初期用 75% 百菌清可湿性粉剂 600 倍液，或 70% 甲基硫菌灵可湿性粉剂 600 倍液 +80% 大生（或悦生）800 倍液，或使用 10% 苯醚半环唑 1 000 倍液加 75% 百菌清可湿性粉剂 500 倍液喷雾，或用 25% 阿米西达 1 000 倍液喷雾，结合 25% 阿米西达 800 倍液病部涂抹药液防治更好。

7. 菌核病

1）症状识别 初时茎蔓上有水浸状斑点，后变为浅褐色至褐色，当病斑环绕茎蔓 1 周以后，受害部位以上茎蔓和叶片失水萎蔫，最后枯死。湿度大时，病部变软，表面长出白色絮状霉层，后期病部产生鼠粪状黑色菌核。果实发病多在脐部，受害部位初呈褐色、水浸状软腐，不断向果柄扩展，病部产生棉絮状菌丝体，果实腐烂，最后在病部产生菌核（图 7-5）。

图 7-5　菌核病危害症状

2）防治方法　用 75% 百菌清可湿性粉剂或 50% 异菌脲可湿性粉剂 1 000 倍液浸种 2 小时，冲净后催芽播种。发病初期可用 50% 多菌灵可湿性粉剂 500 ~ 800 倍液、70% 甲基硫菌灵可湿性粉剂 600 ~ 800 倍液、50% 多菌灵 · 乙霉威可湿性粉剂 1 000 ~ 1 500 倍液、10% 苯醚甲环唑水分散颗粒剂 3 000 ~ 6 000 倍液、50% 咪鲜胺可湿性粉剂 1 000 ~ 1 500 倍液，间隔 7 ~ 10 天喷雾 1 次，共喷药 2 ~ 3 次。

8. 叶枯病

1）症状识别　叶片出现褐色小斑，四周有黄色晕圈，多在叶脉间或叶缘出现，近圆形，病斑很快连合在一起形成大片叶片枯死；果实上生有四周稍隆起的圆形褐色凹陷斑，可引起果实腐烂。湿度大时，病部长出灰黑色至黑色霉层。

2）防治方法　同“菌核病”的防治。

9. 炭疽病

1）症状识别　叶片上有近圆形红褐色病斑，外周由黄褐色晕圈；干燥时易穿孔，潮湿时有暗红色粉状物；茎蔓上有梭形或长圆形凹陷病斑，后期开裂；果实有圆形凹陷褐色病斑，潮湿时有暗红色黏液，龟裂。

2）防治方法　用 55℃温水浸种消毒，或用 40% 甲醛 100 倍液浸种 30 分消毒；也可每 50 千克种子用 10% 咯菌腈种衣剂 50 毫升，先以 0.25 ~ 0.5 千克水稀释药液，进行包衣，晾晒后播种。发病初期用 70% 甲基硫菌灵可湿性粉剂 800 倍液，或 80% 炭疽福美 800 倍液，或 10% 苯醚甲环唑 2 000 倍液、50% 异菌脲 1 200 倍液喷雾隔 5 ~ 7 天再喷一次。保护地发病前期可用 45% 百菌清烟剂 200 ~ 250 克 / 亩，分放 4 ～ 5 个点进行烟熏。

10. 疫病

1）症状识别 茎蔓有暗绿色水渍状病斑，潮湿时变褐腐烂，病部环绕缢缩，受害部位以上茎叶枯死。叶片有暗绿色近圆形水渍状较大病斑，边缘不明显，后为青白色，易破碎；有时叶片萎蔫；果实有近圆形凹陷病斑，潮湿时病部有白色霉层。

2）防治方法 用 55℃温水浸种 20 分；或将营养土灭菌，每立方米营养土加入 50% 多菌灵可湿性粉剂 100 克拌匀。发病初期用 64% 杀毒矾可湿性粉剂 500 倍液，或 50% 烯酰吗啉 +80% 代森锰锌 800 倍液喷雾隔 7 ～ 10 天再喷一次。

11. 白粉病

1）症状识别 初期叶片上表现白色近圆形小粉斑，后向四周扩展成边缘不明显的连片白粉，严重时整叶布满白粉，枯萎卷缩；后期白粉斑因菌丝老熟变为灰色，长出黑色小点，是病原菌的闭囊壳。

2）防治方法 种植前，按每 100 立方米空间用硫黄粉 250 克、锯末 500 克或 45% 百菌清烟剂 250 克用量，分放几处点燃，密闭棚室，熏蒸一夜，杀灭病菌。发病初期用 25% 乙醚酚悬浮剂 800 倍液，或 4% 四氟醚唑（幼苗期禁用）水乳剂 1 500 倍液喷雾。

12. 霜霉病

1）症状识别 发病初期，叶片上出现水浸状不规则病斑，逐渐扩大并变为黄褐色；湿度大时叶片背面长出黑色霉层；发病严重时多数叶片凋萎；病斑受叶脉限制，背面长出粉色霉层，病菌不可离体培养。

2）防治方法 可使用高温闷棚法，选择晴天，处理前要求棚内土壤湿度，必要时可在前一天灌水 1 次，密闭大棚，使棚内温度上升至 44 ～ 46℃，以瓜秧顶端温度为准，切忌温度过高（超过 48℃，植株易受损伤），连续维持 2 小时后，开始放风。处理后应及时追肥，灌水。也可在发病初期可用 72.2% 霜霉咸盐酸盐水剂 800 倍液，64% 杀毒矾可湿性扮剂 400 倍液，72% 霜脲氰 · 锰锌可湿性粉剂 750 倍液，诺普信雷佳米（10% 甲霜灵 +48% 代森锰锌）200 倍液喷雾防治。

13. 灰霉病

1）症状识别 叶片受害多从叶缘呈“V”形向内发展。病菌一般从凋萎的残花开始侵入，初期花瓣呈水渍状，后变软腐烂，并生出灰褐色霉层，使花瓣腐烂、萎蔫、脱落，病菌逐渐向幼瓜扩展。受害部位先变软腐烂，后着生大量灰色霉层。

2）防治方法 采用高垄地膜覆盖和搭架栽培，配合滴灌、管灌等节水措施。及时清除下部败花和老黄脚叶，发现病瓜小心摘除放入塑料袋内带到棚室外妥善处。发病初期可用 20% 腐霉利烟剂或 20% 特克多烟剂 1 千克 / 亩，熏闷棚室 12 ～ 24 小时，或用 65% 甲霉灵可湿性粉剂 400 倍液，或 50% 苯菌灵可湿性粉剂 500 倍液，或 40% 施加乐悬浮剂 600 倍液，或 45% 特克多悬浮剂 800 倍液，或 50% 敌菌灵可湿性粉剂 400 倍液，或 50% 腐霉利可湿性粉剂 600 倍液等药剂喷雾防治。

14. 瓜笄霉果腐病

1）症状识别 主要危害花和幼瓜，发病后花器枯萎，有时呈湿腐状，上生一层白霉，梗端着生头状黑色孢子，扩展后蔓延到幼果，引起果腐。

2）防治方法 采用高畦栽培，合理密植，注意通风，雨后及时排水，严禁大水漫灌坐果后及时摘除残花病瓜，集中深埋或烧毁。开花至幼果期可用 64% 杀毒矾可湿性粉剂 400 ～ 500 倍液，75% 百菌清可湿性粉剂 600 倍液，58% 甲霜灵锰锌可湿性粉剂 500 倍液。每隔 10 天左右喷治 1 次，共防治 2 ～ 3 次。

15. 细菌性果腐病

1）症状识别 叶部病斑呈圆形、多角形及叶缘开始的“V”形，水浸状，后期中间变薄，可以穿孔或脱落，叶脉也可被侵染，并沿叶脉蔓延；病斑初为水浸状，圆形或卵圆形，稍凹陷，呈绿褐色。有时数个病斑融合成大斑；严重时内部组织腐烂，轻时只在皮层腐烂。有时瓜果皮开裂，全瓜很快腐烂（图 7-6）。

图 7-6 细菌性果腐病危害症状

2）防治方法 采用高垄地膜覆盖和搭架栽培，配合滴灌、管灌等节水措施。避免带露水或潮湿条件下整枝打杈等农事操作。及时清除病残体并烧毁，病穴撒石灰消毒。将种子用70℃恒温干热灭菌72小时，或55℃温水浸种25分；或40%的福尔马林150倍液浸种1.5小时或200毫克/千克的新植霉素和硫酸链霉素浸种2小时，冲洗干净后催芽播种。发病初期用铜制剂（络氨铜、铜大师、可杀得）以及农用硫酸链霉素、加收米、加瑞农等药剂喷施。当发病初期也可以用刀片轻轻刮掉病皮表面，用72%农用硫酸链霉素300～400倍液在病部抹施。

16. 溃疡病

1）症状识别 初期在叶片表面呈现鲜艳水亮状即“亮叶”，随后叶片边沿褪绿出现黄褐色病斑；病菌通过伤口或植株的输导组织进行传导和扩展，初期茎蔓有深绿色小点，逐渐整条蔓呈水浸状深绿色，有时茎蔓部会流出白色胶状菌脓，很快整条蔓出现空洞，烂的像泥一样，全株枯死；病菌多侵染幼瓜和生长中期的瓜。侵染初期，瓜上出现略微隆起的小绿点，不腐烂，严重时从圆形伤口处流出白色菌脓（图7-7）。

图7-7 溃疡病危害症状

2）防治方法 同“细菌性果腐病”的防治。

17. 缘枯病

1）症状识别 初期在叶缘小孔附近产生水渍状小点，扩大成为淡黄褐色不规则形坏死斑，严重时在叶片上产生大型水渍状坏死斑，随病害发展沿叶缘干枯，病斑发生在周围是泡状有些黄化的叶面基础上，干枯后呈连片性的不规则枯干斑，可区别于疫病。叶柄、茎蔓呈油渍状暗绿色至黄褐色，以后龟裂或坏死，有时在裂口处溢出黄白色至黄褐色菌脓。果柄油渍状褪绿，果实表面着色不均，有黑斑点，具油光，果肉不均匀软化，空气潮湿，病瓜腐烂，溢出菌脓，有臭味（图 7-8）。

图 7-8　缘枯病危害症状

2）**防治方法**　同“细菌性果腐病”的防治。

18. 细菌性角斑病

1）**症状识别**　叶片出现圆形或不规则的黄褐色病斑；叶片上病斑开始为水渍状，以后扩大形成黄褐色、多角形病斑，有时叶背面病部溢出白色菌脓，后期病斑干枯，易开裂；果实上的病斑初为水浸状，圆形或卵圆形，稍凹陷，呈绿褐色；有时数个病斑融合成大斑，颜色变深呈褐色至黑褐色；严重时内部组织腐烂，轻时只在皮层腐烂。

2）**防治方法**　同“细菌性果腐病”的防治。

19. 病毒病

1）危害病状 包括花叶病毒病、绿斑驳花叶病毒病、褪绿黄化病毒病、坏死斑点病毒病、皱缩卷叶型病毒病。

（1）花叶病毒病 叶片呈花脸状，有些部位绿色变浅，早期侵染，植株矮缩，出现畸形瓜，或不结瓜。

（2）绿斑驳花叶病毒病 叶片颜色沿叶边缘向内部分绿变浅，呈不均匀花叶、斑驳，有的出现黄斑点；果实受害后成水瓤瓜、瓤色常呈暗红色，失去商品价值（图 7-9）。

图 7-9 绿斑驳花叶病毒病危害症状

（3）褪绿黄化病毒病 叶片首先慢慢褪绿，直至黄化，叶脉仍保持绿色，叶片不变脆、不变厚（图 7-10）。一般从中下部向上发展，通过烟粉虱、蚜虫等害虫传播。

图 7-10 褪绿黄化病毒病危害症状

（4）坏死斑点病毒病　叶片上出现坏死斑点，密密麻麻；蔓上也出现坏死斑点，通过种子和土壤中油壶菌传播（图 7-11）。

图 7-11　坏死斑点病毒病危害症状

（5）皱缩卷叶型病毒病　植株顶端叶片往下卷，植株矮化，不变色（图 7-12）。类似药害症状，通过烟粉虱传播。

图 7-12　皱缩卷叶型病毒病危害症状

2）防治方法　将种子干热 70 ~ 72℃，72 小时或 10% 磷酸钠 20~30 分；或种子先经过 35℃ 24 小时、50℃ 24 小时、72℃ 72 小时，然后逐渐降温至 35℃以下约 24 小时处理。也可喷施药剂防治，20% 盐酸吗啉胍·铜可湿性粉剂 500~800 倍，1.5% 植病灵Ⅱ号乳剂 1 000~1 200 倍液，3.95% 病毒必克可湿性粉剂 500 倍液，0.5% 菇类蛋白多糖水剂 200 ~ 300 倍液，发病初期，喷雾防治，10 天 1 次，连续喷 2 ~ 3 次，或病毒 A（或其他任何防病毒病农药均可）+ 尿素 + 天然芸苔素进行喷施防治效果较好。田间种植需防除田间杂草，适当提早定植，赠施有机肥和腐殖酸性肥料，提高作物抗性，整枝打杈时不要接触病株，少量发生时拔除病株。采用防虫网、悬挂黄板等措施减少蚜虫、烟粉虱等害虫，切断传播途径；在瓜行间铺秸秆、杂草或田间喷水等方式增加田间湿度。

20. 线虫

1）症状识别　主要危害根系，在侧根或须根上产生大小不等的葫芦状浅黄色根结。解剖根结，病组织内部可见许多细小乳白色洋梨形线虫。根结上一般可长出细弱的新根，以后随根系生长再度侵染，形成链珠状根结。田间病苗或病株轻者表现叶色变浅，中午高温时萎蔫；重者生长不良，明显矮化，叶片由下向上萎蔫枯死，地上部生长势衰弱，植株矮小黄瘦，果实小，严重时病株死亡（图 7-13）。

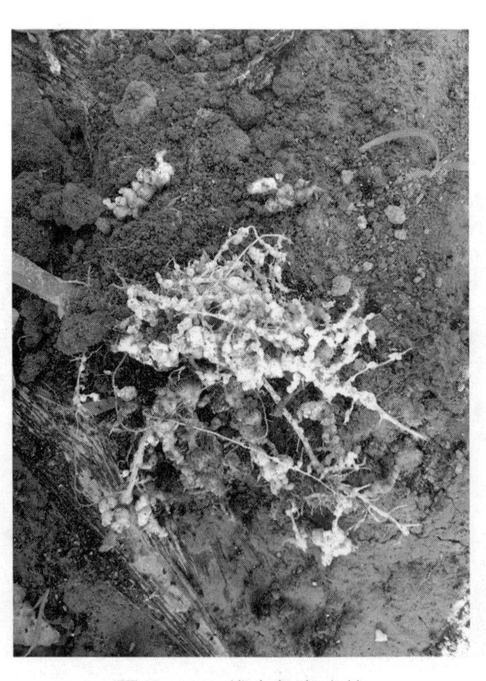

图 7-13　线虫危害症状

2）防治方法 选用无病种苗，注意基质带病。重病地块，深翻土壤30 ~ 50厘米，在春末夏初进行日光高温消毒灭虫。冬季农闲时，可灌满水后盖好地膜并压实，再密闭棚室15 ~ 20天，可将土中线虫及病菌、杂草等全部杀灭。也可用药剂处理土壤，在播种或定植前，可选用10%噻唑膦颗粒1 ~ 2千克/亩或3%氯唑磷（米乐尔）颗粒1.5 ~ 2千克/亩均匀施与定植沟穴内或撒施或沟施于20厘米表层土内；发病期，可用1.8%虫螨克乳油0.5 ~ 1升/亩随灌水冲施或41.7%氟吡菌酰胺（路富达）0.024 ~ 0.03毫升/株灌根。

（二）非侵染性病害

1. 僵苗

1）症状识别 植株生长处于停滞状态，生长量小，展叶慢，子叶、真叶变黄，根变褐，新生根少（图7-14）。

2）防治方法 改善育苗环境，保证育苗适温，可采用增温、保湿、防雨，改善根系生长条件；采用高畦深沟栽培，加强排水，改善根系的呼吸环境；适时定植，避免苗龄过大，及时防治地下害虫，减少对根系伤害；适当增施腐熟农家肥，施用化肥时应勤施薄施。

2. 自封顶苗

1）症状识别 幼苗生长点退化，无法抽出新叶，仅有两片子叶或真叶，没有生长点，形成无头苗（图7-15）。

图7-14 僵苗症状

图 7-15 自封顶苗症状

2）防治方法 避免使用陈旧或瘪种子，尽量选用生命力强的新种子；严格控制营养土的比例，且保证混合均匀；加强防寒保温，增加光照，提高室温加强幼苗管理；适时定植，促使新根发生；对已发生自封顶的幼苗可喷复合肥液，且适时整枝，选留健壮侧芽代替主茎。

3. 疯秧

1）症状识别 植株生长过于旺盛，出现徒长，表现为节间伸长，叶柄和叶身变长，叶色淡绿，叶质较薄，不易坐果，或坐果后果实不膨大，果型小、产量低、成熟期推迟（图 7-16）。

图 7-16 疯秧症状

2）防治方法 控制基肥的施用量，前期少施氮肥，注意磷、钾肥的配合使用，可冲施氨基酸或腐殖酸高钾肥，叶面喷洒 300 ～ 500 倍的氨基酸钾钙肥；苗床或大棚要适时通风，增加光照，避免温度过高、湿度过大；对于疯长植株，可采取整枝、打顶、人工或坐果灵辅助授粉等措施促进坐果，也可喷矮壮素等药剂抑制营养生长。

4. 急性凋萎

1）症状识别 初期中午地上部萎蔫，傍晚时尚能恢复，经 3 ～ 4 天反复以后枯死，根颈部略膨大，与枯萎病的区别在于根颈维管束不发生褐变（图 7-17）。

图 7-17　急性凋萎症状

2）防治方法　采用涝浇园法，即雨后天晴时，马上浇水，降低地温，同时打开排水口，使水经瓜田后迅速排出去，并及时中耕保持土壤通透性；嫁接苗应选择亲和性和抗性强、根系发达的砧木，增强其与接穗的结合面；在果实肥大后期叶面喷施 1% 的硫酸镁溶液，也可以减少急性萎蔫病的发生。

5. 叶片白枯

1）症状识别　基部叶片、叶柄的表面硬化，叶片易折断，茸毛变白、硬化、易断，叶片黄化为网纹状，叶肉黄化褐变，呈不规则、表面凹凸不平的白色斑，白化叶仅留绿色的叶脉和叶柄（图 7-18）。

图 7-18　叶片白枯症状

2）防治方法　确保叶数量，摘除侧蔓从植株基部起，控制在第十节以内；从始花期起每周喷 1 次 70% 甲基硫菌灵可湿性粉剂 1 500 倍液。对历年发病重的地块，施用酵素菌沤制的堆肥或充分腐熟的有机肥。

6. 畸形果

1）症状识别　扁形果是果实扁圆，果皮增厚，一般圆形品种发生较多；尖嘴果多发生在长果形的品种上，果实尖端渐尖；葫芦形果表现为先端较大，而果柄部位较小；偏头畸形果表现为果实发育不平衡，一侧生长正常，而另一侧生长停顿（图 7-19）。

图 7-19 畸形果症状

2）防治方法 发现前期出现畸形瓜胎，如果外界气温低，不要急于摘除，待外界气温升高，保留后面雌花坐瓜，并及时摘除前面畸形瓜胎；在开花坐果期，控制生长，以防徒长，避免高节位坐瓜；加强田间管理，水分均衡供应等栽培措施；低温条件下进行人工或坐果灵辅助授粉，做到授粉均匀减少坐果期和果实膨大期病虫的危害。

7. 裂果

1）症状识别 田间静态下果皮爆裂，通常由果实膨大期温度、土壤水分变化较大或激素过量使用引起，一般从花朵痕部首先开裂；采收、运输的过程有振动而引起裂果，果皮薄、质脆的品种容易裂果（图 7-20）。

图 7-20 裂果症状

1）防治方法　选择不易开裂的品种，采用棚栽防雨及合理的肥水管理措施；增施钾肥提高果皮韧性；傍晚时采收，尽量减少果实的震动等均可减少裂果；合理使用激素，切勿随意加大使用浓度。

8. 脐腐果

1）症状识别　在果脐部收缢、干腐，形成局部褐色斑，果实其他部分无异常；后期湿度大时，遇腐生霉菌寄生会出现黑色霉状物。

2）防治方法　增施腐熟饼肥和过磷酸钙，畦面全层覆盖地膜适时浇水；均衡供应肥水，干旱天气适时浇水抗旱；叶面喷施1%过磷酸钙溶液。

9. 肉质恶变果

1）症状识别　发育成熟的果实虽在外观上正常无异，拍打时发出当当的敲木声；剖开时发现果肉呈紫红色、浸润状，果肉变硬、半透明，同时可闻到一股酒味，完全丧失食用价值（图7-21）。

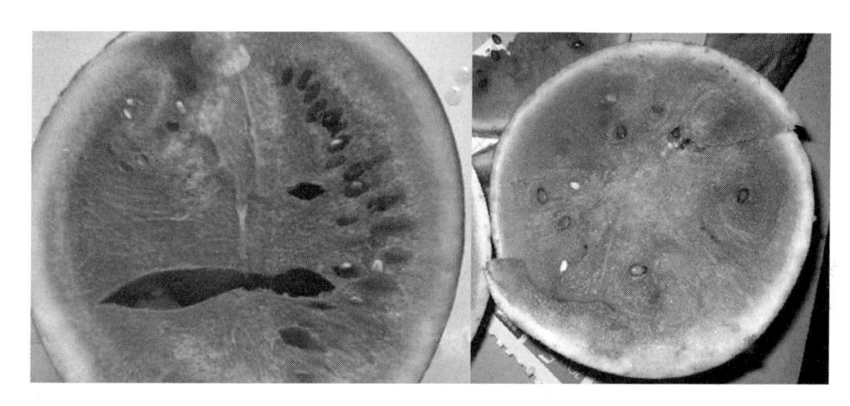

图7-21　肉质恶变果症状

2）防治方法　高温季节果实应避免阳光暴晒，可用杂草遮盖果实；果实膨大期增施腐熟饼肥100千克，磷酸二铵与硫酸钾各10～15千克，适时适量浇水，防止早衰；适当整枝，避免整枝过度抑制根系的生长；防止病毒传播，切断病毒传播途径。

（三）药害

1. 有机磷类药害

1）症状识别　未出土幼芽异常变粗、变短，生长停滞或者极慢，药害严重时难以出苗，药害较轻时出土瓜苗生长缓慢，叶片变厚，浓绿，茎蔓直立，生长十分缓慢，茎叶硬脆，极易折断；新叶发黄，生长点丛生（图 7-22）。

图 7-22　有机磷类药害症状

2）防治方法　尽量不用敌百虫农药拌种或浸种；瓜苗出土后如需要防治害虫，可拌成毒饵使农药接触不到瓜苗的任何部位。

2. 菊酯类药害

1）症状识别　双效菊酯和溴氰菊酯常引起叶色浓绿变厚，叶缘上卷，生长点停滞，不出现新叶和蔓节；氰戊菊酯常引起新生嫩叶边缘呈现黄色形成金边叶或黄色斑块，生长速度迟缓（图 7-23）。

图 7-23　菊酯类药害症状

2）防治方法　使用菊酯农药尽量降低施药浓度；产生药害后立即用清水多次喷洒冲洗，适量多次浇水，一般 15 ～ 36 天可使受害瓜苗恢复生长。

3. 重金属类药害

1）症状识别　叶片褪绿、幼芽和叶缘叶尖青枯、叶斑及类似病毒病的花叶症状等；果实上形成小斑点，且不向果实内部蔓延，通常以果皮瓜如白皮或黄皮瓜发生较为严重（图 7-24）。

图 7-24　重金属类药害症状

2）防治方法　高温期使用，应加大稀释倍数；幼苗期严格控制使用浓度；尽量不与其他药剂混用；果实膨大期慎用，可采用套袋的方法使药液与果实隔离。

4. 唑类药害

1）症状识别　浸种后轻则导致根少，根部畸形，重则不生根，不出苗；幼嫩组织硬化、发脆、易折断，叶片变厚，叶色变深，植株生长滞缓、矮化，组织坏死（图 7-25）。

图 7-25　唑类药害症状

2）防治方法 严格控制使用浓度和使用次数，通常在推荐的浓度下使用，一般连续使用不超过 2 次；幼苗期至幼果期慎用；发生药害后，可喷施 6% 赤霉素 1 000 倍液 +0.3% 尿素 500 倍液或锌加硒 30 毫升或芸胺 120+0.3% 尿素 500 倍液，快速促进生长。

5. 植物激素药害

1）症状识别 叶片受害，导致叶缘失绿干枯，再生新叶叶缘色浅，叶近圆形；果实受害，产生畸形果或造成裂果，失去商品价值（图 7-26）。

图 7-26 植物激素药害症状

2）防治方法 尽量少接触叶片，授粉是尽量采用喷花，不要涮；应根据温度变化改变坐瓜灵的浓度，18℃以下时，10 毫升的坐瓜灵对水 3 千克比较合适，达到 30℃时，可对水 4 千克。

5. 除草剂药害

1）症状识别 叶片、茎蔓和果实表面出现大小不等、形状不规则的灼烧坏死斑，如草甘膦出现药害表现为新叶落黄，叶片枯焦，茎蔓由上而下出现褐色条状中毒斑，随后整个植株萎蔫失水枯死（图 7-27）。受害部位节间缩短，叶片增厚变小、皱缩、扭曲或畸形，或植株幼嫩部位组织增生，幼芽密集，整体生长不正常，如酰胺类除草剂（异丙甲草胺、丁草胺）用量过大或误用茎叶处理，植株表现为生长较正常植株稍缓慢，严重时植株上部叶片明显皱缩。受害植株出现嫩叶黄化、叶缘枯焦、植株萎缩，如误施乙草胺，或邻近田块喷洒乙草胺，飘移到西瓜上，植株就会表现嫩梢叶片发焦枯萎，导致生育进程缓慢。植株的正常生长受到抑制，生长缓慢，如受磺酰脲类除草剂（绿磺隆）危害，轻者导致植株生长受明显抑制，植株矮小，叶片褪绿黄化；重者植株生长受严重抑制，生长停止。

图 7-27　除草剂药害症状

2）防治方法　根据不同的生长时期选择除草剂。

（1）定植前土壤喷施　48% 氟乐灵乳油、60% 丁草胺乳油。

（2）出苗前使用　50% 萘丙酰草胺可湿性粉剂、异丙甲草胺乳油等。

（3）出苗后施用　35% 吡氟禾草灵乳油、8.8% 精喹禾草乳油。

（4）在瓜苗 5 片叶时喷施　10.8% 吡氟氯禾灵乳油；大棚、拱棚及地膜栽培，应选择挥发性较小的药剂，如 50% 萘丙酰草胺可湿性粉剂。

施用除草剂时应严格按照说明书施用，使用时要摇匀，先配成母液再进行第二次稀释，不可随意加大用药量；使用低剂量要以确保安全为宜，除草剂的用量应根据西瓜田喷雾的实际面积计算。施用除草剂应选择无风或微风的晴好天气，以防药液下渗到种子、根系上，加大作物的吸收量，或药液随风飘移对其他作物造成药害。

喷施过除草剂的喷雾器，用完后应立即清洗。清洗方法：用 60℃ 的热碱水（洗衣粉）浸泡 2 ~ 3 小时，在浸泡过程中要使导管、喷杆、喷头等都充满洗液，并不断摇动，再用清水反复冲洗 2 ~ 3 次，以防对产生“二次药害”。

对于酸性除草剂，可用 0.2% 生石灰或 0.2% 碳酸钠清水稀释液喷洗；对于碱性除草剂，可采用乙酸多次喷雾法解毒；对于药害连片的田块，还可灌足量水，缓解药害。可用云大 -120 1 500 倍液，喷在叶片的正反面，也可结合喷施芸苔素内酯或赤霉素，加入少量尿素、磷酸二氢钾和适量速生根液，每 4 天左右喷施 1 次，缓解药害。

（四）缺素症

1. 氮缺乏

1）症状识别 植株生长缓慢，茎叶细弱，下部叶片绿色褪淡，茎蔓新梢节间缩短，幼瓜生长缓慢，果实小，产量低；基部叶片开始发黄，逐步新叶发展。

2）防治方法 每亩用尿素 10 ~ 15 千克（一般苗期缺氮，每株 20 克左右；伸蔓期缺氮，每亩 9 ~ 15 千克；结瓜期缺氮，每亩 15 千克左右）或每亩用人粪尿 400 ~ 500 千克对水浇施；用 0.3% ~ 0.5% 尿素溶液（苗期取下限，坐果前后取上限）叶面喷施。

2. 磷缺乏

1）症状识别 根系发育差，植株细小；叶小，顶部叶浓绿色，下叶呈紫色；花芽分化受到影响，开花迟，成熟晚，而且容易落花和“化瓜”；果肉中往往出现黄色纤维和硬块，甜度下降，种子不饱满。

2）防治方法 每亩用过磷酸钙 15 ~ 30 千克开沟追施；用 0.4% ~ 0.5% 过磷酸钙浸出液叶面喷施。同时，调整土壤水分和温度，促进根系发育，提高植株吸肥能力。

3. 钾缺乏

1）症状识别 植株生长缓慢，茎蔓细弱；叶面皱曲，下部叶尖及叶缘变黄，并渐渐地向内扩展，严重时还会向心叶发展，甚至叶缘也出现焦枯状；坐果率很低，已坐的瓜，个头也小，含糖量不高（图 7-28）。

图 7-28　钾缺乏症状

2）防治方法 施用化肥时，氮、磷、钾肥要合理搭配，防止氮肥施用过多；坐果后应结合浇水追肥一次，每亩施复合肥 15 千克、硫酸钾 10 千克；采用叶面追肥的方法，用 0.1% 磷酸二氢钾水溶液喷施茎叶效果更好。

4. 钙缺乏

1）症状识别 叶缘黄化干枯，叶片向外侧卷曲，呈降落伞状，植株顶部一部分变褐而死，茎蔓停止生长；常引起果实畸形，顶端枯萎（图 7-29）。

图 7-29 钙缺乏症状

2）防治方法 遇长期干旱天气时，适时浇水，促进西瓜根系对硼素的吸收，进而提高对钙的吸收；增施石膏粉或含钙肥料，如过磷酸钙溶液叶面喷施。

5. 锌缺乏

1）症状识别 茎蔓条纤细，节间短，新梢丛生，生长受到抑制；多出现在中、下位叶，而上位叶一般不发生黄化；叶小丛生状，新叶上发生黄斑，渐向叶缘发展，全叶黄化，向叶背翻卷叶尖和叶缘并逐渐焦枯；开花少，坐瓜难等不良现象（图 7-30）。

图 7-30 锌缺乏症状

2）防治方法 在基肥中，亩施硫酸亚锌 1 ～ 2 千克可防止发生缺锌症；对已发生缺锌症的西瓜，应及时喷洒 0.1% ～ 0.2% 硫酸锌水溶液；也可叶面喷施 0.2% 硫酸锌 +0.1% 熟石灰，连喷 2 ～ 3 次。

6. 镁缺乏

1）症状识别 果实膨大时，近旁的老叶叶脉间首先黄化失绿；在生长后期，除叶脉残留绿色外，叶脉间均变黄，严重时黄化部分变褐色，落叶（图 7-31）。

图 7-31 镁缺乏症状

2）防治方法 在基肥中，每亩施硼镁肥 6 ～ 8 千克可预防缺镁症状；对已发生缺镁症状可立即用 0.1%～ 0.15% 硫酸镁叶面喷洒，防止心叶黄化。

7. 硼缺乏

1）症状识别 新叶不伸展，叶面凸凹不平，叶色不匀；新蔓节间变短，蔓梢向上直立，且新蔓上有横向裂纹，脆而易断（图 7-32）。断面呈褐色，严重时生长点死亡，停止生长，有时蔓梢上分泌红褐色膏状物；常造成花发育不全，果实畸形或不能正常结果。

2）防治方法 适时浇水，提高土壤可溶性硼含量，以利植株吸收；定植前，亩施硼砂 1.5 ～ 2 千克，可有效防止缺硼症的发生；缺硼时，可及时喷洒 0.2% 硼砂或硼酸水溶液。

图 7-32 硼缺乏症状

8. 锰缺乏

1）症状识别 首先新叶脉间发黄，主脉仍为绿色，使叶片产生明显的网纹状，以后逐渐蔓延至成熟老叶；较重时，主脉也变黄，长期严重缺锰，致使全叶变黄。种子发育不充分，果实易畸形。

2）防治方法 播前用 0.05% ~ 0.1% 硫酸锰溶液浸种 12 小时或结合整地做畦，每亩施硫酸锰 1 ~ 4 千克与有机肥混匀作基肥，以防锰缺乏；若发现缺锰，应及时用 0.06% ~ 0.1% 硫酸锰溶液根外追施。

9. 铁素缺乏

1）症状识别 首先在植株顶端的嫩叶上表现症状，初期或不严重时，顶端新叶叶肉失绿，呈淡绿色或淡黄色，叶脉仍保持绿色。随着时间的延长或严重缺铁，叶脉绿色变淡或消失，整个叶片呈黄色或黄白色。

2）防治方法 增施有机肥对铁有活化的作用；改良土壤，碱性土壤施用酸性肥料，也可施用螯合铁等铁剂改良土壤；避免磷和铜、锰、锌等重金属过剩；田间出现缺铁症状时，可叶面喷洒 0.1% ~ 0.2% 硫酸亚铁溶液。

（五）肥害

1. 常见肥害症状

1）脱水型肥害 植株表现萎蔫，似霜冻或开水烫的一样，轻者影响生长发育，重者全株死亡。

2）熏伤型肥害 一般造成下部叶尖发黄，影响生长发育，重者使全株赤黄枯死（图 7-33）。

图 7-33　熏伤型肥害症状

3）烧种型肥害 常常会出现烧种或烧叶，出现幼苗不发新根或叶片干枯的症状（图 7-34）。

图 7-34 烧种型肥害症状

4）毒害型肥害 植株受害生长停滞，甚至枯死（图 7-35）。

图 7-35 毒害型肥害症状

2. 常见肥害防治方法

1）不施生有机肥料 有机肥料必须腐熟再施用，尤其是禽粪要发酵，有机肥与化肥混杂使用。

2）合理使用化肥 使用必须先测量并按浓度施用，尤其是氮肥一次不能过多。叶面喷施浓度不宜过高，如尿素作叶面肥，浓度不应超过 0.3%，喷洒湿润即可。

3）增施有机肥料 施入土壤中的有机肥，对阳离子具备很强的吸附能力，提高土壤的缓冲能力，可大大减少肥害的发生。

4）合理施肥深度 施肥要距根系 10 厘米左右，并且要深施。追肥后要立刻覆土，土壤过旱要及时灌水，并降低浓度，避免发生烧苗。

（六）虫害

1. 蚜虫

1）症状识别 瓜蚜的成蚜及若蚜群集在叶背和嫩茎上吸食作物汁液，引起叶片皱缩（图 7-36）。瓜苗嫩叶及生长点被害后，叶片卷缩，瓜苗萎蔫，甚至停止生长；老时受害，虽然叶片不卷曲，但受害叶提前干枯脱落，缩短结瓜期，造成减产。

图 7-36 蚜虫危害症状

2）防治方法 春季铲除瓜田和四周的杂草，消灭越冬卵，减少虫源基数，或采取银灰色薄膜避蚜和设黄板诱蚜杀蚜。也可选用 70% 吡虫啉（艾美乐）水分散剂 9 000 ～ 10 000 倍液、25% 噻虫嗪水分散粒剂 6 000 ～ 8 000 倍液，或 5% 啶虫脒乳油 1 500 ～ 2 500 倍液、0.36% 苦参碱水剂 500 倍液、2.5% 联苯菊酯乳油 3 000 倍液、2.5% 角藤酮乳油 500 倍液；采收前 10 ～ 15 天应停止用药。

2. 粉虱类

1）症状识别 成虫和若虫群集叶背吸食植物汁液，引起植株生长受阻，叶片变黄、褪绿、萎蔫，甚至全株枯死，此外，粉虱危害时分泌蜜露，严重污染叶片和果实，往往引起煤污病的发生，影响植株光合作用（图 7-37）。

图 7-37 粉虱类危害症状

2）防治方法 培育栽植无虫苗；育苗前清除杂草和残株，集中烧毁或深埋；通风口设尼龙纱网，防止外来虫源；与十字花科蔬菜进行轮作，以减轻发生；在温室、大棚门窗或通风口，悬挂白色或银灰色塑料薄膜条，驱避成虫侵入；在粉虱发生初期，可在温室内设置黄板诱杀成虫。也可使用药物进行防治，2.5% 噻虫嗪水分散粒剂 6 000 ~ 8 000 倍液、20% 啶虫脒乳油 3 000 ~ 4 000 倍液、25% 噻嗪酮可湿性粉剂 1 000 倍液、2.5% 氯氟氰菊酯乳油 5 000 倍液、2.5% 联苯菊酯乳油 3 000 倍液；保护地栽培，可用 80% 敌敌畏乳油与锯末或其他燃烧物混合点燃熏烟杀虫。

3. 螨类

1）症状识别 主要以成、若、幼螨群聚叶背吸取汁液，危害初期叶面出现零星褪绿斑点，严重时白色小点布满叶片，使叶面变为灰白色，最后造成叶片干枯脱落，影响生长，缩短结果期，造成减产（图 7-38）。

图 7-38 螨类危害症状

2）**防治方法**　秋耕秋灌，恶化越冬螨的生态环境；清除棚边杂草，消灭越冬虫源。天气干旱时，进行灌水，增加瓜田湿度，造成不利叶螨生育繁殖的条件。在田间释放捕食螨，以虫治虫。也可选用1.8%阿维菌素4 000倍液，或5%噻螨酮1 500～2 000倍液，或24%螺螨酯3 000倍液。重点喷洒植株上部的嫩叶背面、嫩茎及幼果等部位，并注意农药交替使用。

4. 瓜绢螟

1）**症状识别**　以幼虫危害叶片，1龄、2龄幼虫在叶背啃食叶肉，仅留透明表皮，呈灰白斑；3龄后吐丝将叶或嫩梢缀合，匿居其中取食，致使叶片穿孔或缺刻，严重时仅剩叶脉（图7-39）。幼虫还啃食瓜表皮，留下疤痕，并常蛀入瓜内危害，严重影响瓜果产量和质量。

图7-39　瓜绢螟危害症状

2）**防治方法**　采收完毕后，将枯藤落叶收集沤肥或烧毁，减少田间虫口密度或越冬基数，在幼虫发生初期，摘除卷叶，捏杀幼虫和蛹。可安装杀虫灯或黑光灯诱杀成虫。也可使用药物防治选10%三氟吡醚乳油1 000倍液、5%虱螨脲乳油1 000倍液、5%氟虫腈悬浮剂1 500～2 000倍液、15%茚虫威悬乳剂3 000倍液、5%甲维盐水乳剂4 000倍液、10%溴虫腈水乳剂1 000倍液。

5. 种蝇

1）**症状识别**　种蝇是多食性害虫，主要危害幼苗，幼虫自根茎部蛀入，顺着茎向上危害，被害苗倒伏死亡，再转移到邻近的幼苗，常出现成片死苗（图7-40）。

图 7-40　种绳危害症状

2）防治方法　在苗床和大田禁忌施用未经腐熟的有机肥。可以利用糖醋液诱杀成虫。也可使用药剂防治，防治幼虫时可药剂拌种或播种时撒毒土、灌药等；也可用 75% 灭蝇胺可湿性粉剂 5 000 倍液，或 5% 氟虫腈悬浮剂 2 000 倍液喷雾；防治成虫时可用 20% 氰戊菊酯乳油 2500 倍液。

6. 蓟马

1）症状识别　以成虫和若虫锉吸西瓜心叶、嫩芽、嫩梢、幼瓜的汁液；嫩梢、嫩叶被害后不能正常伸展，生长点萎缩、变黑、锈褐色，新叶展开时出现条状斑点，茸毛变黑而出现丛生现象；幼瓜受害时质地变硬，毛茸变黑，出现畸形，易脱落；成瓜受害后瓜皮粗糙，有黄褐色斑纹或瓜皮长满锈皮（图 7-41）。

图 7-41　蓟马危害症状

2）防治方法　清除瓜田杂草，加强水肥管理，于成虫盛发期，在田间设置蓝色诱虫黏胶板，诱杀成虫。可选用 10% 多杀霉素 1 000 倍液，70% 吡虫啉水分散剂 10 000 倍液，25% 噻虫嗪水分散粒剂 6 000 ~ 8 000 倍液、5% 氟虫腈胶悬剂 1 500 ~ 2 500 倍液喷雾。

7. 黄守瓜

1）症状识别 成虫危害花、幼瓜、叶和嫩茎，早期取食瓜类幼苗和嫩茎，常引起死苗（图 7-42）。取食叶片，咬食成环形、半环形食痕或孔洞，甚至使叶片支离破碎。幼虫在土中咬食细根，导致瓜苗整株枯死，还可蛀入接近地面的瓜果内危害，引起腐烂。

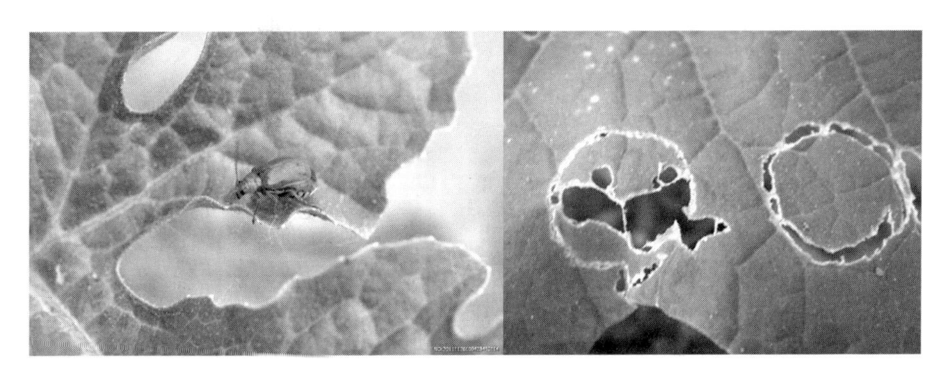

图 7-42 黄守瓜危害症状

2）防治方法 利用假死性，人工捕杀成虫。也可采用地膜栽培或在瓜苗周围撒草木灰、糠秕、木屑等，可防止成虫产卵。应注意瓜类幼苗期，控制成虫危害和产卵。苗期毒杀 18.1% 顺式氯氰菊酯乳油 2 000 倍液、2.5% 鱼藤酮乳油 500 ~ 800 倍液、2.5% 溴氰菊酯乳油 3 000 ~ 4 000 倍液等喷雾；防治幼虫可用 1.8% 阿维菌素可湿性粉剂 4 000 倍液灌根。

8. 地老虎

1）症状识别 以幼虫（图 7-43）危害，咬断植物幼苗近地面的茎，造成缺苗断垄，并将咬断的嫩茎拖回洞穴，半露地表，极易发现。

图 7-43 地老虎幼虫

2）防治方法 冬春除草，消灭越冬幼虫；生长期清除田间周围杂草，以防小地老虎成虫产卵。诱杀成虫，用黑光灯或糖醋液诱杀成虫（糖醋液是糖、醋、酒各1份，加水100份，加少量敌百虫）。栽苗前在田间堆草，诱杀成虫，人工捕捉。也可使用药物防治，90%晶体敌百虫0.25千克，加水4～5千克，喷到炒过的20千克菜饼或棉仁饼内，做成毒饵，傍晚撒在秧苗周围；也可用敌百虫0.5千克，溶解在2.5～4.0千克水中，喷于60～75千克菜叶、西瓜瓜肉或鲜草上，于傍晚撒在田间诱杀。

9. 果实蝇

1）症状识别 成虫产卵管刺入幼瓜表皮内产卵，幼虫孵化后即在瓜内蛀食，受害的瓜先局部变黄，而后全瓜腐烂变臭，造成大量落瓜，即使不腐烂，刺伤处凝结着流胶，畸形下陷，果皮硬实，瓜味苦涩（图7-44）。

图7-44 果实蝇危害症状

2）防治方法 清洁田园，田间及时摘除及收集落地烂瓜集中处理（喷药或深埋）；瓜果刚谢花或花瓣萎缩时进行套袋防成虫产卵危害。可在田间安装频振式杀虫灯开展灯光诱杀，零星菜园可用敌敌畏糖醋液诱杀成虫，能有效减少虫源，效果良好；被果实蝇蛀食和造成腐烂的瓜，应进行消毒后集中深埋。也可使用药物进行防治，在成虫盛发期，于中午或傍晚喷施21%灭杀毙乳油4 000～5 000倍，或2.5%敌杀死乳油2 000～3 000倍，或50%敌敌畏乳油1 000倍。

10. 美洲斑潜蝇

1）症状识别 成、幼虫均可危害，雌成虫飞翔把植物叶片刺伤，进行取食和产卵，幼虫潜入叶片和叶柄危害，产生不规则蛇形白色虫道，俗称“鬼画符”（图7-45）。

图 7-45　美洲斑潜蝇

2）防治方法　与其他不危害的作物进行套种或轮作；清洁田园，把被美洲斑潜蝇危害作物的残体集中深埋、沤肥或烧毁。在成虫始盛期至盛末期，利用诱蝇纸诱杀成虫。也可使用药物防治，在幼虫 2 龄前，1.8% 害极灭乳油 3 000 倍液、98% 巴丹可湿性粉剂 2 000 倍液、90% 杀虫单可湿性粉剂 800 倍、80% 敌敌畏乳油 1 000 倍液等。注意轮换使用各种药剂，以免产生抗药性。

八、采收及采后减损增值技术

发达国家果蔬采后商品化处理率达 80% 以上，水果总储量量占总产量的 50% 左右，现代果蔬采后保鲜处理和商品化处理技术、“冷链”技术、现代果蔬加工技术等已广泛应用于该产业，并建立了完善的产业技术管理体系，果蔬经产后商品化处理和深加工可增值 2 ～ 3 倍。而我国果蔬商品化处理量仅占总产量的 10%，果蔬产后储运、保鲜等商品化处理与发达国家相比差距更大，尤其“冷链”技术越显薄弱。西瓜、甜瓜是重要的经济作物，被农民广为栽培，开展采后减损增值技术，采用科学、有效的采收和储藏保鲜方法，可减少储运中的损耗，拉大产业链条，提高经济附加值，取得明显经济效益的重要措施。

（一）适时采收

西瓜、甜瓜采收应要考虑采后用途、本身的特点、储藏时间的长短、储藏方法和设备条件、运输距离的远近、销售期长短等。一般就地销售可适当晚采收，如果外运销售，应在成熟度八九成时采收，使果实在运输过程中通过后熟达到完全成熟。果实充分成熟后果皮硬度下降，因此，提前采收可提高果皮硬度，以便于长途运输。

1. 采收标准 西瓜、甜瓜的品质与成熟度有密切的关系，适度成熟的果实可以充分表现品种的特征，瓤色好，果肉的适口性好，汁多、味正；采摘过早偏生的瓜，瓤色浅，肉质较硬，含糖量低并有酸味，品质差；采收过熟的瓜，果肉软绵，倒瓤或空心，降低含糖量，显著影响果实的品质。因此，应正确判断果实的成熟度，这对于提高商品瓜的质量有决定性的意义。

1）常用鉴别西瓜成熟的标准 ①根据雌花开放后的天数，每一品种在一定温度条件下，从雌花开放至果实成熟的天数基本上是固定的，因此开花坐果期在瓜田每隔 3 日插上不同颜色的标志棒，表明开花日期，然后推算每批（各种不同颜色标志棒）果实的果实发育天数，再决定采收期，这是确定成熟度比较科学和可靠的方法，而且很简便易行。一般早熟品种雌花开放至成熟需 28 ~ 30 天，中熟品种雌花开放至成熟需 31 ~ 40 天，晚熟品种雌花开放至成熟需 40 天以上。但由于坐果期气温不同，开花至成熟的天数是有差别的，因此仅仅根据雌花开花至成熟的天数确定果实的成熟度是不全面的。②据积温来确定果实的成熟度，一般特早熟的小果型品种开花至成熟的积温为 700℃左右，早熟品种为 800℃左右，中熟品种 900 ~ 1 000℃。用积温作为采收的依据应每天测量记录平均温度，或计算开花至成熟的天数及果实生长期间的平均温度，如果一品种果实成熟需要的积温为 800℃，结瓜期的日平均温度为 25℃，则雌花开花后需 32 天成熟。③观察果实的性状确定成熟度，果实表面色泽由暗变亮，皮色老化，不同品种果实成熟时都会显示该品种固有的色泽，果面的花纹清晰，以手触摸手感光滑，着地面底色呈深黄色。果脐向内凹陷，果蒂处略有收缩，以上均为熟瓜的形态特征，反之则为生瓜。④根据果实的声音确定成熟度，以手拍打果实，发出"嘭、嘭"浊音的为熟瓜，发出清脆音的则为生瓜。⑤根据果实的比重确定成熟度，生瓜的比重大，放在水中下沉；过熟的瓜则上浮，而适度成熟的瓜为半浮于水面。采收时难以逐个测定其比重，一般凭经验来判断。⑥根据果柄及卷须形态确定成熟度，果柄上茸毛稀疏、脱落为果实成熟的表现，果实同一节上的卷须 1/2 以上枯焦的为熟瓜。

2）常用鉴别甜瓜成熟的标准 ①开花至成熟的时间，不同品种自开花到果实成熟所需时间差别很大。一般早熟品种 35 天左右，中熟品种 50 天左右。高温期间栽培成熟期相应缩短，早春低温期栽培或秋冬保护地栽培则成熟期较长；严格整枝，水肥管理适当，果实成熟期较早。整枝不严，水肥条件高，特别是氮肥多，枝叶茂盛时果实成熟期延长。②离层，多数品种果实成熟时在果柄与果实的着生处都会形成离层。③香气，有香气的品种，果实成熟时香气开始产生，成熟越充分香气越浓。④果实外表，成熟时果实表现出固有的颜色与花纹。⑤硬度，成熟时果实硬度已有变化，用手按压果实有一定弹性，尤其花脐部分。⑥植株特征，坐果节卷须干枯，坐果节叶片叶肉失绿，叶片变黄，可作为果实成熟的象征。

由于西瓜、甜瓜果实成熟的生理比较复杂，仅仅凭果实某一形态特征来判断适宜成熟度，不一定可靠。因植株的长势不同，如采收初期，藤较旺盛，果实成熟时同节卷须并不枯萎；反之，后期植株长势较弱，卷须虽已枯焦，果实也未必成熟。不同品种果皮硬度、果肉质地不同，很难有一个统一的判断成熟的标准，仅根据某一性状来确定成熟度未必可靠，应根据以上特征综合判断。

2. 采收方法 一般应选择晴天上午进行采收，避免在日中烈日下进行。具体的采收应在早上瓜地温度较低（20℃以下），瓜的表面无露水时进行（图 8-1）。采收时要注意轻拿轻放，以防瓜皮碰伤，倒瓤，不耐储运。但皮薄容易裂瓜的品种应在傍晚采收，以减少破损。雨后不宜采收，因果面沾上泥浆后，在储运过程中容易发生炭疽病，影响储运销售。采收时要用剪刀从果柄基部剪断，保留一段瓜柄，以防止病菌侵入，并可便于消费者根据瓜柄新鲜程度判断采收时间。需储藏的瓜，采收时应保留坐瓜节位前后各一节的枝蔓，可具有一定的保鲜作用。采收过程中应小心操作，尽量避免损伤枝蔓，以免影响留田果实的后期生长；采前一周停止追肥和浇水。

图 8-1　西瓜采收

（二）分级、包装

1. 分级方法 按照西瓜、甜瓜的大小、色泽、形状、成熟度、病虫害及其他商品要求的规定标准将甜瓜分为若干等级，使产品商品化、标准化。可实现产品优级优价，提高经济效益。产品分级须按国家或地区制定的分级标准进行，我国还没有制定统一的出售规格标准，一般按产品的健全度、硬度、整洁度、大小、重量、色泽、形状、病虫害等分成特级、一级和二级 3 个等级。特级品的要求最高，产品应具有本品种特有的形状和色泽，不存在会影响产品特有的质地、风味的内部缺陷，大小粗细长短一致，在包装内产品排列整齐，允许可分级项目的总误差不超过 5%；一级品的质量要求大致与特级品相似，允许个别产品在形状和色泽上稍有缺陷，并允许个别产品在形状和色泽上存在较小的不至于影响外观和耐储藏性的外部缺陷，允许总误差为 10%；二级品可以有某些外表或内部缺点，只适于就地销售或短距离运输。分级有人工、机械或人工与机械结合进行的方式，其中，人工分级常与包装同时进行（图 8-2）。

图 8-2　机械化分级

2. 包装方法　通过对产品进行包装，可以防止产品机械损伤，减少水分蒸发，有利于保鲜，防止病虫危害，便于搬运装卸和合理堆放，增加装载量，提高储运效率；包装表面需标明品名、规格、数量、生产者及商品等。商品包装分小包装和大包装 2 种：以单个瓜作为包装单位的称为小包装，可用纸或各种塑料薄膜作包装材料；若干个小包装集结成一大件，以便于搬运的称大包装。大包装宜选用轻便、坚固、不易受潮软化，易通风透气散热，无毒无臭、清洁卫生，光洁不易刺伤产品，取材方便的材料。常用的大包装类型有：软包装容器（如网袋、尼龙编织袋等）、竹筐或条筐、木箱、瓦楞纸箱、散装大箱。

（三）储藏、运输

1. 预冷及采后其他处理

1）预冷　预冷是将新鲜采收的产品在运输、储藏或加工以前迅速除去田间热的过程。恰当的预冷可以降低产品的腐烂程度，最大限度地保持采前的新鲜度及品质。预冷是创造良好的温度环境的第一步。延长从采收到预冷的时间，会增加采后损失，而及时将产品预冷到所需的温度，则可以抑制腐败微生物的生长，抑制酶活性和呼吸强度，减少产品的失水和乙烯的释放。

（1）自然降温冷却　这是一种最简便易行的预冷方式，将采收后的甜瓜放在阴凉通风的地方，让产品所带的田间热散去。这种方法冷却的时间较长，而且难于达到产品所需的预冷温度，但是在没有更好的预冷条件时，其仍然是一种应用较普遍的好方法。

（2）强制通风冷却　在包装箱堆或垛的两个侧面造成空气压差而进行的冷却，当压差不同的空气经过货堆或包装箱时，将产品散发的热量带走。如果配上适当的机械制冷和加大气流量，可以加快冷却的速度。强制通风冷却所用的时间比一般冷库预冷要快 4~10 倍，预冷效果显著。

（3）冷库空气冷却　这是一种简单的预冷方法，直接将甜瓜放在冷库中降温。注意堆码的垛与包装容器之间都应该留有适当的空隙，保证气流通过。

2）其他采后处理

（1）干燥处理　因收获时水分较多，瓜很容易受到损伤和遭受病虫的危害。此外，在生理上呼吸和蒸发也非常旺盛，如果将这样的产品原样地放进通气不良的储藏库中，马上就会变得过于潮湿，微生物的繁殖速度加快，从而加速产品的腐烂。因此，在入库前采取简单的风干措施。但过度干燥会影响品质，降低耐藏力。

（2）涂蜡　涂蜡能进一步从外部保护果实的表面构造，更长时间地保持果实收获后的良好品质。这种方式可有效防止由过量蒸发引起的失水皱缩，抑制呼吸作用，抑制微生物的入侵，减轻产品表面的机械损伤，增加产品表面光泽，提高商品价值等。涂蜡方法有浸涂、刷涂和喷涂 3 种。常用巴西棕榈油、石蜡和虫胶配成溶液，在室温条件下进行浸涂或刷涂，也可用淀粉、蛋白质等高分子的植物油乳剂对产品进行喷涂。

2. 保鲜方法

1）敷膜保鲜法　将 1% 的甲壳利溶液以及 1% 的海藻酸钠溶液制成的甜瓜敷膜剂，均匀地涂抹于甜瓜的表面，并结合密封材料进行保水处理，可以在甜瓜的表面形成一层“保鲜膜”，以此来保证甜瓜能在今后的 3~4 个月不会出现变质或者腐烂，且完好率达到 80% 左右（图 8-3）。

图 8-3　敷膜保鲜

2）热处理 + 保鲜剂处理法　将热处理与保鲜剂进行有效结合，可以起到较为显著的保鲜效果。将甜瓜用 150 毫克 / 千克的 Amistai Dip 保鲜剂在 50℃下处理 3 分，可以使甜瓜本身的品质得到有效改善，并达到延缓其衰老的目的。

3）1-MCP 处理方法　1- 甲基环丙烯（1-MCP）作为一种新型的乙烯受体抑制剂，在甜瓜的储藏保鲜过程中得到了广泛应用。使用 1-MCP 对西瓜甜瓜进行处理，可以在有效抑制甜瓜呼吸强度以及乙烯释放量的同时，延缓其衰老腐败的时间，进而达到储藏保鲜的目的。

4）保鲜剂保鲜法　VBAI 保鲜剂是从中草药中提取的活性物质，是一种天然生物制剂。使用时操作简便，只需将瓜在 10%VBAI 保鲜剂稀释液中浸 2 ～ 3 分即可，其保鲜期为 30 ～ 90 天，保鲜一吨西瓜投资 15 元左右（图 8-4）。

图 8-4　保鲜剂保鲜法

3. 储藏方法

1）西瓜储藏方法

（1）室内堆藏法　在阴凉干净的普通房屋、屋窖或地窖的室内，用福尔马林溶液消毒地面，然后铺上干稻草。将采收七八成熟带 6 ~ 7 厘米瓜蔓的西瓜，放在 10% ~ 15% 的食盐水中浸泡 3 ~ 5 分，稍凉后按西瓜田间长向放置，一层干草一层瓜，留过道以利检查和通风。夜间换气降温，地面适当洒水增湿。此法可保鲜西瓜 2 个月。

（2）沙土养藏法　在干净通风避雨处，铺上 60 毫米厚的干净细沙，取晴天清晨采收的七八成熟的西瓜，留 3 片叶子，切口以草木灰糊住后轻轻码放一层，再盖细沙 50 毫米，瓜叶留在外面制造养分。此法可保鲜西瓜 3 个月。

（3）盐水封藏法　选取采收后的完好熟西瓜，在 5% ~ 10% 的食盐水中浸泡 2 ~ 4 小时，然后再用 0.5% ~ 1.0% 的山梨酸钾或山梨酸涂抹西瓜表面，密封在聚乙烯塑料袋内，于低温处（如地下室）储藏。此法可储藏半年以上。

（4）瓜蔓汁膜法　选用完好成熟的西瓜，在表面用瓜蔓汁 300 倍稀释液喷雾，稍干即形成一层薄膜，存于阴凉处即可。瓜蔓汁是将新鲜西瓜茎蔓研磨成浆过滤出的汁液，起保鲜作用是因为西瓜的茎蔓中含有抑制西瓜成熟呼吸的物质。此法可保鲜数月。

（5）低温储藏法　把经过处理的西瓜装入塑料袋中，同时放些用饱和高锰酸钾浸泡过的碎泡沫塑料，以吸收西瓜本身产生的具有催化作用的乙烯，然后密封扎口储藏（图 8-5）。冷藏温度在 12℃左右，空气相对湿度 75% 即可。此法可储藏 2 个月左右。

图 8-5　低温储藏

2）厚皮甜瓜（哈密瓜）储藏保鲜方法

（1）涂膜储藏　用0.1%托布津等浸瓜2 ~ 3分，捞出晾干后再用稀释4倍的1号虫胶涂抹瓜面，以形成一层半透明膜，晾干后包装入箱，放温度2 ~ 3℃、空气相对湿度80% ~ 85%下储藏，可储藏3 ~ 4个月。

（2）冷库储藏　将经防腐和预冷处理的瓜装入有通气孔的纸箱或竹筐内，交叉叠堆于冷库内，早中熟品种保持库温5 ~ 8℃，晚熟品种3 ~ 4℃，保持冷库空气相对湿度85% ~ 90%，可储藏4 ~ 5个月。

（3）地窖储藏　瓜预冷后，每层隔板只摆放1层瓜，以后定期翻瓜，防止瓜与木板接触处腐烂。入窖初期要打开全部通气孔和门窗；当气温下降到0℃时即关闭窖门和通气孔，并保持窖温2 ~ 4℃，空气相对湿度85% ~ 90%。也可在地窖内吊藏，方法是：从窖内一排相距50厘米的横梁上系上长1.5 ~ 2米的粗麻绳或布带，每3根为1组，绳或布带每50厘米打一死结，将瓜放在3根绳或布带打结后形成的兜内（瓜柄向上），挂完后每5 ~ 7天检查1次，发现瓜顶变软及时拣出。此法可将瓜储藏至翌年4 ~ 5月。

3）薄皮甜瓜储藏方法

（1）常温堆藏法　选一阴凉通风处并打扫干净，在地面和四周撒上石灰粉，接着在地面或架子上铺一层稻草或麦秸，然后将套上泡沫网套的瓜轻轻摆放3 ~ 4层，这样可储放15 ~ 20天（图8-6）。

图8-6　薄皮甜瓜常温堆藏法

（2）控温储藏法　将套上泡沫网套的瓜先装入竹筐或柳条筐内（不要装满，上部留一些空间），再把筐交叉叠放于阴凉通风的室内，保持室温 16 ～ 18℃，空气相对湿度 80% ～ 85%，可储藏 20 ～ 25 天。

（3）低温冷藏法　将套上泡沫网套的瓜装入有通气孔的纸箱或竹筐内，经预储后交叉叠放于冷藏库，保持温度 8 ～ 10℃，空气相对湿度 80% ～ 85%，可储藏 2 ～ 3 个月。

4. 运输　随着商品经济的发展，西瓜、甜瓜产品由区域性生产就地供应逐渐转变为充分利用自然条件的集约化专业化基地生产，产品靠调运输送到销地，因而产品运输在流通中的作用显得更为突出。

1）运输对环境条件的要求　西瓜、甜瓜产品是有生命的易腐商品，在运输途中仍进行着各种生理活动，最为典型的是呼吸作用。各种病原微生物也随时可以侵染它而导致腐烂。长途运输应配备调控环境条件的设备，运输要求速度快、时间短，尽量减少途中不适因素对产品的影响。运输中所要求的温度最重要，一般以 4~10℃为宜。

2）运输工具和设备　按控制运输温度的方式，可分常温运输、保温运输和控温运输 3 种，每种运输方式都有多种结构和设备不同的运载工具。

（1）常温运输　运载工具不设特殊的隔热保温设备，无特殊保护措施。如各种类型的敞车和厢式货车、卡车、船舶等。运输过程中，产品质量下降快，只限于近距离运输（图 8-7）。

图 8-7　常温运输

（2）保温运输　运载工具呈箱式或舱式，四周有良好的隔热结构，外界气温不能迅速改变内部温度，而是依靠产品吸收或释放热能以维持与外界侵入或散出的漏热达到热交换平衡，使产品体温在允许范围内变动。因此，夏季运输的甜瓜应先经预冷，而冬季可利用呼吸热维持适宜的运输温度。这种运输方式成本低，适于快速的近距离运输，运输时间不能过长。

（3）控温运输　在隔热良好的运载工具中设置降温和加温装置，使产品在整个运输过程中处于最佳温度状态。夏季外界气温高于规定温度时，利用制冷装置降温，称冷藏运输；冬季外界温度低于运输规定温度时，利用增温设施加温。控温运输降温所用冷源有冰、冰盐混合物、液氮，以及使用最多的机械制冷。机械制冷运输质量好，距离长，适用范围广。

（四）冷链物流技术

随着生鲜电商的发展以及新零售的变革，冷链物流行业进入高速发展期。数据显示，2017 年冷链物流市场已达千亿级。果蔬冷链，按供应链一般分为几个环节，如采购采集→商品化处理→储藏→运输与配送→销售→信息管理与质量追溯。电商出现后，环节发生前移，也就是说从交易形成订单开始，果蔬冷链逐渐转变为产地预冷→入库存储→物流运输→销地存储→末端销售这样一个链条。冷链物流全链路发展有利于减少产品损耗，更好地保障食品安全；对果蔬价值链提升具有重要作用，能够提高其附加价值；可以促进高度信息化条件下的各个环节的无缝衔接；可以提高其供应链的生态圈、生态链；还可以保障农民从果蔬流通过程得到较好的收入。

常见的冷链物流基本模式主要有：批发市场模式、连锁超市模式和物流中心模式。

1. 批发市场模式　一种常见的农产品物流模式，依托于一定规模的批发市场，由生产者或中间收购商将分散的产品集中到批发市场被批发商收购，然后再通过零售商销售，最终到达消费者手中的农产品物流模式。此种物流模式可以规避产品分散经营，实现规模化，降低了物流成本。相比于其他商品的普货物流，冷链物流的特征就是流转的任一环节都需要配套的冷链设施，否则“掉冷链子”的流通会使得后续环节的流转腐损率增加，也就不能很好地得到规模化经营产生的优化收益。例如，大型零售商可以在配置冷柜设施的同时自建小型冷藏或者双温冷库，也可以更好的调节每次进货量，省心更便捷。

2. 连锁超市模式 一种连锁超市与物流企业结盟运转的农产品冷链物流模式，连锁超市模式中的连锁超市、物流企业、分散农户三方会签订合作契约，是目前分散农户种植的生鲜农产品的商品价值和经济价值得到保障而采用的较典型的市场模式。此种模式使得物流环节减少，能很好地提高物流效率和保证稳定的货源，实现了高效快速的流通愿景，产品与销售链上的无缝对接优化了整个物流供应链系统，对农产品行业的快速健康发展十分有利。

3. 物流中心模式 近几年兴起且发展迅速的农产品冷链物流模式，它联接着物流基地、物流团队、集散中心、配送中西等物流中心，实现的是以物流中心为主导的由农产品交易主提供现代化和全方位物流服务的物流模式。它与连锁超市模式中物流企业扮演的角色略有不同，物流中心模式中物流中心占据主导分配地位，而连锁超市模式中物流企业只是起着冷链仓储运输左右的契约三方的一方。物流中心模式将农户或生产商的分散的农产品聚集起来，不仅可以提高物流资源的使用效率，而且也可以很好地解决小生产与大市场间的矛盾。

（五）物联网技术在冷链物流中的应用

将物联网技术应用于农产品冷链物流，可以从物联网技术的结构入手，结合西瓜冷链物流各个环节的要求，对每层结构进行合理的设计和应用，从而实现物联网技术在整个西瓜、甜瓜冷链系统中得到有效应用。

1. 物联网在冷链物流中应用的关键技术 物联网的核心技术有无线传感器网络技术、射频识别技术、二维码技术、M2M 物物数据通信技术、全球定位系统技术、微机电系统技术和两化融合系统等。其中，最关键和核心的技术还是无线传感器网络技术，因为它贯穿了物联网的全部层面，是其他层面技术的整合应用。在冷链物流中要对流通中每一个环节进行识别和追踪，一般会把射频识别技术运用到流通各环节，实现冷链物流各环节的无缝衔接，达到控制和监督流通中的品质。

2. 物联网在冷链物流各环节的应用 物联网技术在冷链物流品质安全应用的整个过程，通过物联网技术的应用可以提前预警、分清责任、追查漏洞，保证流通的品质安全。物联网技术应用在果蔬冷链物流中，使流通中安全问题及品质问题都可以实现识别和管理智能化，从根本上解决了冷链物流在技术、成本、服务、安全等方面遇到的问题，保障了果蔬的新鲜及质量溯源，提高了果蔬的供应链管理水平，是果蔬冷链物流未来发展的方向。

3. 物联网在冷链物流中应用总体架构 首先将先进的物联网技术引入果蔬冷链物流，采集果蔬冷链物流各环节信息，实现实时信息共享，保持冷链信息畅通，提高果蔬流通效率。在信息感知层的信息采集之后，通过网络层实时处理和传递到更高层次的应用层，保证冷链各环节的有效衔接，形成统一的信息平台。最后，应用层根据用户的需求提供统一的信息资源支撑，服务于最终用户。